半导体湿法刻蚀加工技术

陈 云 陈 新 著

科 学 出 版 社

北 京

内 容 简 介

本书全面阐述了半导体刻蚀加工及金属辅助化学刻蚀加工原理与工艺，详细讲述了硅折点纳米线、超高深径比纳米线、单纳米精度硅孔阵列三类典型微/纳米结构的刻蚀加工工艺，并对第三代半导体碳化硅的电场和金属辅助化学刻蚀复合加工、第三代半导体碳化硅高深宽比微槽的紫外光场和湿法刻蚀复合加工工艺进行了详细论述。

本书可供从事半导体制造加工工艺与装备研发的科研人员参考使用。

图书在版编目（CIP）数据

半导体湿法刻蚀加工技术 / 陈云，陈新著. —北京：科学出版社，2023.9

ISBN 978-7-03-074744-0

Ⅰ. ①半… Ⅱ. ①陈… ②陈… Ⅲ. ①半导体技术－湿法－刻蚀
Ⅳ. ①TN305.7

中国国家版本馆 CIP 数据核字（2023）第 019298 号

责任编辑：郭勇斌 彭婧煜 方昊圆 / 责任校对：杜子昂
责任印制：赵 博 / 封面设计：刘云天

科学出版社 出版
北京东黄城根北街 16 号
邮政编码：100717
http://www.sciencep.com
北京华宇信诺印刷有限公司印刷
科学出版社发行 各地新华书店经销
*
2023 年 9 月第 一 版 开本：720 × 1000 1/16
2024 年 3 月第二次印刷 印张：9 3/4 插页：2
字数：190 000
定价：89.00 元
（如有印装质量问题，我社负责调换）

前　言

自 20 世纪 40 年代晶体管被发明以来,集成电路产业以惊人的速度蓬勃发展。超大规模集成电路制造已成为当今世界上最大的制造业,而刻蚀是集成电路制造中至关重要的技术之一。金属辅助化学刻蚀是近年来发展的一种新型湿法刻蚀加工技术,在高效加工高深比(深径比和深宽比)、异形等复杂微/纳米结构方面具有其他方法无可比拟的优势。本书就作者近年来在半导体湿法刻蚀加工方面所开展的研究工作进行梳理和总结,希望本书能为从事半导体制造加工工艺与装备研发等相关科研工作的同行提供参考,对我国集成电路产业的发展有所助益。

在此,要特别感谢美国工程院院士汪正平教授,正是在他的指导下,作者才开始开展半导体刻蚀加工方面的工作,他影响了作者的科研方向与成长轨迹。同时,非常感谢在相关工艺研发过程中直接参与并提供帮助的赵铌教授、李力一博士、张成博士,以及施达创、李梓健、董善坤、钟一鸣等研究生。科学出版社的编辑对本书的出版付出了辛勤劳动,作者也表示诚挚感谢。科学技术日新月异,限于作者学识,书中难免有疏漏之处,恳请读者指正,作者将甚为感激。

作　者

2022 年 9 月

主要缩写对照表

中文名称	外文名称	外文缩写
物理气相沉积	physical vapor deposition	PVD
化学气相沉积	chemical vapor deposition	CVD
电化学沉积	electrochemical deposition	ECD
原子层沉积	atomic layer deposition	ALD
化学机械平面化	chemical-mechanical planarization	CMP
快速热退火	rapid thermal annealing	RTA
紫外线处理	ultra violet process	UVP
超大规模集成电路	very large scale integrated circuit	VLSI
临界尺寸	critical dimension	CD
反应离子刻蚀	reactive ion etching	RIE
四甲基氢氧化铵	tetramethylammonium hydroxide	TMAH
浅沟槽隔离	shallow trench isolation	STI
最初金属介电层	pre-metal dielectric	PMD
金属内介电层	inter-metal dielectric	IMD
互补金属氧化物半导体	complementary metal oxide semiconductor	CMOS
N 型金属氧化物半导体	n-type metal oxide semiconductor	NMOS
应力记忆技术	stress memorization technique	SMT
光学显微镜	optical microscope	OM
扫描电子显微镜	scanning electron microscope	SEM
金属氧化物半导体场效应晶体管	metal oxide semiconductor field effect transistor	MOSFET
$H_2SO_4/H_2O_2/H_2O$ 混合液	sulfuric peroxide mixture	SPM
电子束诱导沉积	electron beam induced deposition	EBID
聚焦离子束	focused ion beam	FIB
金属辅助化学刻蚀	metal-assisted chemical etching	MacEtch
硅通孔	through silicon via	TSV
顺时针方向	clockwise	CW
逆时针方向	counter clock wise	CCW
自由度	degree of freedom	DOF

中文名称	外文名称	外文缩写
聚苯乙烯	polystyrene	PS
聚甲基丙烯酸甲酯	polymethyl methacrylate	PMMA
电子束	electron beam	EB
机器学习	machine learning	ML
透射电子显微镜	transmission electron microscope	TEM
场发射扫描电子显微镜	field emission scanning electron microscope	FE-SEM
电子束光刻	electron beam lithography	EBL
阳极氧化铝	anodic aluminum oxide	AAO
金属辅助等离子体刻蚀	metal assisted plasma etching	MAPE
纳米多孔硅	nano porous silicon	NPSi
k 近邻	k-nearest neighbor	KNN
支持向量机	support vector machine	SVM
绝缘栅双极晶体管	insulate-gate bipolar transistor	IGBT
密度泛函理论	density functional theory	DFT
聚四氟乙烯	polytetrafluoroethylene	PTFE
饱和甘汞电极	saturated calomel electrode	SCE
电容耦合等离子体	capacitive coupled plasma	CCP
电感耦合等离子体	inductive coupled plasma	ICP

目　　录

彩图

第一章　绪　　论

1.1　半导体加工简介

世界半导体贸易统计组织（World Semiconductor Trade Statistics，WSTS）统计报告指出，全球半导体行业总销售额在 2021 年达到 5559 亿美元，比 2020 年的 4404 亿美元增长了 26.2%；中国仍然是全球最大的半导体市场，2021 年的总销售额为 1925 亿美元，增长了 27.1%[1]。据中国半导体行业协会的统计数据，2021 年中国集成电路产业销售额为 10458.3 亿元，同比增长 18.2%。根据海关统计，2021 年中国进口集成电路 6354.8 亿块，同比增长 16.9%，进口金额 4325.5 亿美元，同比增长 23.6%；集成电路出口 3107 亿块，同比增长 19.6%，出口金额 1537.9 亿美元，同比增长 32%[2]。可以看出，作为全球最大的芯片进口国，我国集成电路产品贸易逆差持续扩大，强化集成电路产业基石作用显得愈发迫切。

作为集成电路产业中至关重要的一环，半导体器件制造大概可分为沉积、去除、图案化和电性能修改四大类工艺。沉积是将材料生长、涂覆或以其他方式转移到晶片上的工艺，在集成电路制造中属于必不可少的重要工序，需要经历沉积—刻蚀—沉积的反复过程，以实现大型集成电路的分层结构；可用的技术包括物理气相沉积（physical vapor deposition，PVD）、化学气相沉积（chemical vapor deposition，CVD）、电化学沉积（electrochemical deposition，ECD）、分子束外延（molecular beam epitaxy，MBE），以及最近几年发展的原子层沉积（atomic layer deposition，ALD）等。

去除是从晶圆上去除材料的过程，包括湿法或干法刻蚀工艺和化学机械平面化（chemical-mechanical planarization，CMP）。其中，刻蚀是在半导体器件制造中利用物理化学途径选择性地移除沉积层特定部分的工艺，是晶圆制造的关键步骤。从某种意义上说，刻蚀技术水平的高低直接决定了芯片制程的大小，并且在成本上仅次于光刻，近年来随着 3D NAND 技术的不断发展，刻蚀的重要性也愈发凸显。

图案化是指沉积材料的成形或改变，通常称为光刻，是晶圆制造中最复杂、最关键的环节，也是制造过程中耗时最长、成本最高的环节。它是利用光学-化学反应原理，将电路图形传递到晶圆表面，形成有效图形窗口的工艺技术。

电性能修改需要通过扩散炉/离子注入来掺杂晶体管的源极和漏极；用于激活注

入的掺杂剂，还需要退火或者在先进的设备中快速热退火（rapid thermal annealing，RTA）。当前，电气特性的修改还扩展到通过紫外线处理（ultraviolet process，UVP），即将材料暴露于紫外线（ultraviolet，UV）中来降低材料的介电常数；改性也可通过氧化来实现，可以通过氧化以创建半导体绝缘体结，例如，通过局部氧化工艺制造金属氧化物半导体场效应晶体管（metal oxide semiconductor field effect transistor，MOSFET）等。

以上四个工艺环环相扣，组成包含超过 300 个步骤的处理工序以生产出一个完整的芯片。从开始加工到封装芯片再到准备发货（仅流片，不包括电路设计），整个制造过程至少需要 6～8 周，并且在高度专业化自动化的半导体制造工厂（也称为代工厂或晶圆厂）中进行。而更先进的半导体器件，例如 14nm/10nm/7nm/5nm 精度，则可能需要超过 15 周的时间。

1.2　半导体刻蚀加工技术

刻蚀[3-5]是当今世界上最大的制造业——超大规模集成电路（very large scale integrated circuit，VLSI）制造中影响重大且至关重要的技术之一。在集成电路制造中，刻蚀是一种晶圆表面未保护的区域暴露在刻蚀剂中去除材料的工艺，其基本目的是在硅片上正确地复制光刻后的掩膜图形。通常这层掩膜是光刻胶，在刻蚀中用来保护硅片上的特殊区域并选择性地刻蚀掉未被光刻胶保护的区域。因此，在互补金属氧化物半导体（complementary metal oxide semiconductor，CMOS）制造工艺流程中，刻蚀都是在光刻工艺之后进行的。

回溯 20 世纪 60 年代后期，湿法刻蚀曾经是低成本集成电路制造的关键技术，然而，它特有的各向同性刻蚀的性质，严重地阻碍了其在高密度集成电路制造中的应用，因此具有各向异性刻蚀特性的干法刻蚀，成为能够满足器件尺寸持续缩小的不可替代的制造技术。但如今湿法刻蚀技术也有了新的发展，各向异性刻蚀速率大幅度提高。

刻蚀主要通过几个参数来表征，其中刻蚀速率是指在刻蚀过程中去除硅表面材料的速度，另一个与刻蚀速率相关的概念是选择比，用来表示同一刻蚀条件下一种材料的刻蚀速率与另一种材料刻蚀速率的比值，高选择比意味着只刻蚀去掉想去除的那一层。刻蚀剖面指的是刻蚀图形的侧壁形状，分为各向同性刻蚀剖面及各向异性刻蚀剖面两种，各向异性的刻蚀剖面容易形成钻蚀，从而形成刻蚀偏差。刻蚀均匀性是用来衡量刻蚀工艺均匀性的指标，非均匀性刻蚀会产生额外的过刻蚀，保持硅片的均匀性是保证制造性能一致的关键。而刻蚀残留物是指在刻蚀后留在硅片表面不想要的材料，可以在去除光刻胶过程中用湿法刻蚀去掉。

1.2.1 干法刻蚀加工技术

1. 干法刻蚀简介

干法刻蚀是把硅片表面暴露于气态环境中产生等离子体，将等离子体通过光刻胶中开出的窗口，与硅片发生物理或化学反应（或两种反应），从而去掉暴露的表面材料。干法刻蚀中的等离子体，被称作物质的第四态，它可以被看作部分或全部放电的气体。在这气体中，包含有电子、离子、中性的原子和/或分子。从总体上看，等离子体保持着电中性。这样的气体电离率较低，即只有一小部分分子被电离了。如此低的电离率却可以产生足够大的局部电荷，这些电荷具有足够长的寿命，这就为等离子体刻蚀消耗材料提供了可能。干法刻蚀能否广泛应用，取决于等离子体的状态、几何形状、激励办法等多种条件。在干法刻蚀过程中，适当地混合其他被激发带电的反应粒子或者中性的反应粒子。被激发元素的原子嵌在要被刻蚀材料的表面上或者表面以下，因此改变了晶圆上的薄膜或者是晶圆本身的物理性质。实际上，等离子体在室温下形成了易挥发的刻蚀产物。干法刻蚀主要包括 6 个步骤：①电子和分子的碰撞形成了反应粒子；②反应粒子扩散到被刻蚀材料的表面；③反应粒子在材料表面积累；④反应粒子与材料间发生化学或者物理反应（或两种反应），产生易挥发的副产物；⑤易挥发的副产物解吸，从表面释放出来；⑥释放出来的副产物扩散返回到主气体中，并被泵抽走。干法刻蚀工艺通常由四个基本状态构成：刻蚀前、部分刻蚀、刻蚀到位和过刻蚀。它们的主要特性有：刻蚀速率（目标材料的去除率）、选择比（薄膜的刻蚀速率与衬底或者掩膜的刻蚀速率比值）、深宽比（刻蚀深度与刻蚀图形临界尺寸的比值）、终点探测（确保以最小的过刻蚀量完成对晶圆的刻蚀）、临界尺寸（critical dimension，CD，包括浅沟槽隔离的间隙、晶体管的沟道长度、金属互连线的宽度等）、均匀性（包括晶圆间、批次间、晶圆内、芯片内等多个层级的均匀性）和微负载（在整个晶圆上，由于稠密的图形与孤立的图形同时存在所表现出来的不同刻蚀行为）[6-7]。

2. 硅栅极的干法刻蚀

硅栅极是决定晶体管特性的关键部分，而 MOSFET 的阈值电压取决于栅极尺寸，因此，控制刻蚀的特征尺寸至关重要。当前，最先进的逻辑器件中物理栅极长度已经达到 5nm 甚至更小，并且接近物理极限，因此，不仅需要控制特征尺寸的精度，而且还需要降低整个晶圆上特征尺寸的不均匀性。例如，具有特征尺寸为 30nm 的栅极，需要控制 300mm 晶圆上特征尺寸的均匀性（3σ）在 3nm 甚至更小[6]。

当然，刻蚀后栅极的轮廓需要是垂直的，并且具有高选择比，因为栅极氧化膜会随着缩放而继续变薄。用于逻辑器件的栅极材料是多晶硅，用于存储器中的栅极材料为多层结构，如 WSi_2/多晶硅的复合物和 W/WN/多晶硅的复合物。

通常，氯氟烃或氟利昂基气体已广泛用于硅栅极刻蚀，然而用氯氟烃进行刻蚀很难实现对栅极氧化膜的高选择比，因为气体中的碳会促进二氧化硅（SiO_2）的刻蚀。此外，由于环境问题，如今氯基和溴基的刻蚀气体得到了更广泛的应用，特别是氯气和溴化氢。使用这些气体进行干法刻蚀往往会产生各向异性轮廓，并且适合实现垂直刻蚀轮廓，可以实现对底层栅极氧化膜的高选择比。

3. 二氧化硅的干法刻蚀

二氧化硅（SiO_2）的干法刻蚀有广泛的应用，包括接触孔和过孔等孔的刻蚀、栅极的硬掩膜刻蚀、镶嵌刻蚀等。与单晶硅、多晶硅和金属等导体材料刻蚀相比，SiO_2 刻蚀具有复杂的刻蚀机制，需要不同类型的等离子体源。

对于 SiO_2 的干法刻蚀，C 和 F 是必需的，并且要求刻蚀气体含有基于 C 和 F 的碳氟化合物。此外，为了获得对底层 Si 的高选择比，在碳氟化合物气体中还要添加含 H_2 或 H 元素的气体。当用 CF_4/H_2 混合气体刻蚀 SiO_2 时，CF_4 在等离子体中解离成 CF_3^+、CF_3 自由基（$CF_3·$）和 F 自由基（$F·$）；H_2 产生 H 自由基（$H·$）。吸附在 SiO_2 表面的 $CF_3·$ 在 CF_3^+ 的照射下解离为 C 和 F。由于 C—O 键强度（257kcal/mol[①]）大于 Si—O 键强度（111kcal/mol），C 与 SiO_2 中的 O 反应生成 CO，然后 CO 从 SiO_2 表面解吸；导致表面弱键合的 Si 与 F 反应形成 SiF_4，然后 SiF_4 从 SiO_2 表面解吸。SiO_2 的干法刻蚀遵循上述途径周而复始地进行。换言之，由于 SiO_2 含有 O 原子，与 O 反应并形成挥发性物质的 C 必须始终包含在刻蚀气体中，这就是使用含有 F 和 C 的碳氟化合物作为基础气体的原因。

4. 金属的干法刻蚀

逻辑器件中使用的多层互连有时包含多达 10 层金属甚至更多，因此，金属刻蚀在整个刻蚀工艺中比例非常大。例如，在当今的逻辑器件中，铜作为铝的替代品用作金属互连线，需要进行刻蚀形成精细图案；而铝因为图案尺寸较大，所以不需要精细加工，但仍需要进行刻蚀。大马士革铜金属互连线也逐渐被引入存储设备，并且至少一层铝金属互连线已经被大马士革铜金属互连线取代。因此，铝刻蚀在所有刻蚀工艺步骤中的比例越来越小，铜和钨等其他金属的刻蚀越来越重要。

---

① 1kcal/mol = 4.1868×10^3J/mol。

1.2.2　湿法刻蚀加工技术

1. 湿法刻蚀简介

湿法刻蚀是一种去除膜层厚度的古老技术，被广泛应用于很多行业，如用于图案化的湿法刻蚀加工技术早就已应用于印刷技术和电路板制造方面。由于半导体制造业的蓬勃发展，这种宏观刻蚀技术被推广到集成电路制造业，逐渐发展成独特的微观刻蚀技术，也就是说，现在晶片湿法刻蚀去除膜层的厚度最大可达几微米，最小可控制到 10Å 以下。

实际上，所有在固液界面刻蚀的方法都可概括为"湿法刻蚀"。湿法刻蚀加工技术与干法刻蚀加工技术的区别在于前者具有更大的选择比。这种选择比是由于液体和固体成分之间的特定相互作用，决定了反应速率及溶解反应是否发生。当将固体材料溶解在液体中时，固体成分会转移到液相中。为此，必须克服固体颗粒之间的结合力。固体成分转变为可溶性化合物，其颗粒通过扩散和对流从表面转移到溶液内部。固体颗粒之间的相互作用被固体颗粒和液体颗粒之间的相互作用所取代。在最简单的情况下，溶剂分子本身形成一个壳，即溶解颗粒周围的溶剂化壳。经过溶剂化的颗粒在溶剂中具有良好的流动性。

在大多数刻蚀工艺中，水被用作溶剂。在这种情况下，围绕溶解颗粒形成的溶剂化壳是水合物壳。如果材料具有分子结构，则可以通过物理溶解进行刻蚀。除了分子结构材料的物理溶解外，还存在化学溶解方法，例如，固体材料在界面处暴露于刻蚀剂中产生化学反应。

在金属和半导体接触的情况下，相变伴随着电子转移，因为金属不能作为原子转移，而只能作为离子转移到溶液中。金属和半导体的刻蚀是一个电化学过程，部分步骤遵循电化学定律。金属和半导体通常不会以裸离子形式溶解，而是以配合物形式溶解。在这些配合物中，较小的分子或离子（配体）在中心原子周围形成化学结合的初级壳，然后将该复合物溶剂化，如用水。需要经常将配体添加到液体刻蚀剂中，特别是对于刻蚀金属，配体是刻蚀剂的重要组成部分。仅在某些特殊情况下，配体来自刻蚀固体的表面薄膜。

总结下来，湿法刻蚀大致分 5 步：①溶液的反应物利用扩散，到达溶液和固体表面的边界层；②反应物由边界层与固体表面薄膜接触；③反应物与薄膜分子反应，产生气体或其他副产物；④膜层变薄或消失，同时生成物进入边界层；⑤利用溶液的扩散效应，生成物由边界层进入溶液，并循环或排出。

通常情况下，湿法刻蚀可以非常有效地进行，因为必要的反应物以高浓度存在于固体表面。通过高浓度的氢氧根离子或氢离子（极端 pH），许多刻蚀工艺可以在水溶液中非常有效地开展。通过改变刻蚀速率来改变组分的浓度，以及其他影响参数，如温度、黏度和液体对流速度，刻蚀速率可以在很宽的范围内调整。与刻蚀剂的特定反应组分相比，温度、黏度和液体对流速度三个因素是影响系统在同一方向上的所有刻蚀速率的非特定参数。在湿法刻蚀过程中，刻蚀产物是不断增加的，而反应物的浓度逐渐减小，导致刻蚀速率降低。因此，刻蚀过程中刻蚀速率有较大的差异。有时刻蚀速率会随刻蚀剂的消耗而变化，即选择比改变。通过刻蚀产物的最大积累来调整刻蚀条件是实现高精度刻蚀的必要前提条件。

宏观上，湿法刻蚀受四个因素影响：溶液浓度、刻蚀速率、反应温度、溶液的搅拌。一般来讲，刻蚀剂的温度或浓度越高，膜层移除的速率越快，但太快的刻蚀速率会造成严重的膜层粗糙、底切现象或膜层脱落；相反，刻蚀速率越慢，薄膜被移除所需的时间就越长，因此三因素是互相关联的。最后一项是溶液的搅拌，适当的搅拌可帮助反应物或生成物快速地进行质量传输，因为搅拌产生的对流可减小边界层的厚度，不再单依赖于扩散。搅拌的方式有泵驱动、气体或兆声波。[6-7]

2. 硅的湿法刻蚀

硅的湿法刻蚀通常包括单晶硅刻蚀和多晶硅刻蚀，所用的化学刻蚀剂一般分为碱性和酸性两种。常见的酸性刻蚀剂为硝酸（HNO_3）和氢氟酸（HF）的混合物。常见的碱性刻蚀剂通常有氢氧化钾溶液、氢氧化铵溶液或四甲基氢氧化铵（tetramethylammonium hydroxide，TMAH）溶液、乙二胺邻苯二酚、肼等。后两者有剧毒[①]，处理过程中需要特别小心。请同时注意，任何含有 HF 的刻蚀剂都必须在聚乙烯或聚四氟乙烯容器中处理和使用。任何玻璃材料都会被刻蚀，这除了对操作者有潜在危险外，还会成为刻蚀的污染源。

当采用 HNO_3 和 HF 的混合物刻蚀硅时，刻蚀剂中的 HNO_3 分解产生具有较强氧化作用的 NO_2，把与之接触的硅氧化成 SiO_2[8]，如下式：

$$4HNO_3 \longrightarrow 4NO_2 + 2H_2O + O_2$$

$$Si + 2NO_2 + 2H_2O \longrightarrow SiO_2 + H_2 + 2HNO_2$$

然后，刻蚀剂中的 HF 将 SiO_2 溶解为可溶于水的氟硅酸（H_2SiF_6），如下式：

$$SiO_2 + 6HF \longrightarrow H_2SiF_6 + 2H_2O$$

因此，总的反应为[9]

$$Si + HNO_3 + 6HF \longrightarrow H_2SiF_6 + HNO_2 + H_2O + H_2$$

而采用碱性刻蚀剂加工硅晶圆时，KOH 系刻蚀剂是无毒的，并具有相对高的刻蚀速率和高的各向异性比（各向异性比是晶向[100]和晶向[111]的刻蚀速率的比

---

① WHO 按照化学毒物毒性大小分为剧毒、高毒、中等毒、低毒、微毒。

值），故比较受欢迎。但是，由于移动的 K^+ 污染，它不与 CMOS 工艺兼容。刻蚀之后，无法进行热处理。在最近几年中，TMAH 刻蚀剂得到了广泛的关注，因为它是完全兼容 CMOS 工艺的。四甲基铵离子是相当大的，不扩散进入硅晶格中。相比 KOH 溶液，TMAH 溶液的另一个优点是对二氧化硅的选择比高。这意味着，相对薄的二氧化硅可以用作刻蚀掩膜。但是，TMAH 溶液的刻蚀速率比 KOH 溶液低，并且各向异性比较低（通常为 4 : 1）。

随着器件尺寸缩减会引入很多新材料（如高介电常数材料和金属栅极），那么在后栅极制程中，常用氢氧化铵或 TMAH 溶液去除多晶硅，制程关键是控制溶液的温度和浓度，以调整刻蚀对多晶硅和其他材料的选择比。

3. 二氧化硅的湿法刻蚀

SiO_2 薄膜在器件中具有两个主要作用：作为介电层或作为刻蚀掩膜。在以上两种情况下，通常都需要图案化。一种方法是在高温烘箱中通过对硅衬底进行氧化得到 SiO_2，另一种方法是通过 CVD 生长，此过程并不需要硅衬底。氧化物厚度通常在 100～1000nm（即 1000～10000Å）。

由于生成方式不同，SiO_2 膜层特性也不一样，膜层的密度有较大差异。炉管生长法的膜层特点是热预算高、膜层致密、品质好，一般应用于制程最初的热氧化层、NP 井和 PB 井离子植入的牺牲层、闸介电层等；CVD 的膜层特点是松软、热预算低、品质相对炉管生长法稍差，通常用于浅沟槽隔离（shallow trench isolation，STI）、闸副侧壁、闸主侧壁、最初金属介电层（pre-metal dielectric，PMD）、金属内介电层（inter-metal dielectric，IMD）等。

这些 SiO_2 膜层可以很容易地用对硅的影响忽略不计的化学物质进行刻蚀。如果将氧化物用作硅加工的高温掩膜，则必须预先在低温下使用基于抗蚀剂的微光刻工艺对其进行图案化。

（1）HF 溶液对二氧化硅湿法刻蚀

HF 对 SiO_2 具有非常高的刻蚀速率，但 HF 不刻蚀硅。如果直接使用 HF，这种刻蚀剂对氧化物的作用太快且侵蚀性强，使得底切和线宽控制非常困难。出于这个原因，HF 被普遍用作"缓冲"溶液，它可以通过调节刻蚀剂的 pH 来保持恒定的低刻蚀速率，这使得刻蚀时间与刻蚀深度具有极高的相关性。

二氧化硅的 HF 湿法刻蚀是借助 HF 与 SiO_2 反应，生成四氟化硅（SiF_4）气体或 H_2SiF_6，反应式为

$$SiO_2 + 4HF \longrightarrow SiF_4 + 2H_2O$$

当 HF 过量时

$$SiO_2 + 6HF \longrightarrow H_2SiF_6 + 2H_2O$$

H_2SiF_6 不稳定，容易分解成气体放出，即

$$H_2SiF_6 \longrightarrow SiF_4 + 2HF$$

对于前段、中段制程用到的二氧化硅，采用低浓度 HF 溶液刻蚀时，其刻蚀速率基本上是线性的，易于控制。只是对于 CVD 膜层，由于沿厚度方向受离子注入浓度的差别影响，刻蚀速率会有所变化，不过退火后 CVD 膜层的刻蚀速率都较稳定；而后段制程中通过 CVD 形成的黑钻石（black diamond，BD）膜、氮植入碳化硅膜、45nm 以下的多孔低 k 膜则明显不同，采用 HF 溶液刻蚀，其速率非常不稳定，呈现明显的非线性；氮植入碳化硅膜则更难，因为膜层含有 Si、O、C 和 N，刻蚀速率不单为非线性，刻蚀速率也非常低[6]。

研究表明，通过前道 CVD 工艺制备的二氧化硅，随着离子注入量的增加，在稀释 HF 中刻蚀速率不断增加；而随着离子注入能量的增加，二氧化硅在稀释 HF 中的刻蚀速率减小。受离子轰击后的二氧化硅，相对于没有受轰击的二氧化硅，有比较高的刻蚀速率，但这种晶片一旦经过低温热退火（大于 700℃），在稀释 HF 中的刻蚀速率又恢复到和没有受离子轰击的二氧化硅一样。这种现象可以解释为二氧化硅经过离子注入后，Si—O 键被打断，这样的悬键有极强的反应性，容易与 HF 反应，因此，离子注入后的二氧化硅有高的刻蚀速率。经过热退火，Si—和 O—的断键得到恢复（Si—O 键），所以刻蚀速率跟最初二氧化硅一样。离子注入量越大，Si—和 O—的断键也越多，二氧化硅的刻蚀速率就越高。当离子植入能量较低时，Si—和 O—的断键接近二氧化硅表面，显示高的刻蚀速率；当离子植入能量较高时，Si—和 O—的断键钻入到二氧化硅深层，而表面断键较少，显示低的刻蚀速率[6, 10]。

当打开硅衬底的掩膜窗口时，通常倾向于慢速刻蚀。然而，刻蚀工艺可以仅从整个表面去除氧化膜。在这种情况下，刻蚀速率并不重要，可以使用快速溶液，例如，采用在水中经过 1∶10 稀释的 HF。通过目视检查表面就可以很容易地评估刻蚀时间。一旦氧化膜被去除，硅表面的灰色金属就会出现。

有时需要非常轻的刻蚀，以去除几个原子层，例如，表面清洁和去污。这时可以使用在水中经过 1∶50 稀释的 HF，其刻蚀速率约为 70Å/min。例如，可以用 45～50s 的刻蚀时间去除硅上典型的 50Å 厚度的"原生"氧化物。

（2）BOE 溶液对二氧化硅湿法刻蚀

二氧化硅湿法刻蚀还可以选择缓冲氧化物刻蚀剂（BOE），BOE 是 HF 和 NH_4F 的混合物，可避免 H 刻蚀时氟离子的缺乏[11]，使溶液 pH 保持稳定，不受少量酸加入的影响。此外，其刻蚀速率稳定，不侵蚀光刻胶，避免了光刻胶在栅极氧化层刻蚀时脱落。

工业标准缓冲氢氟酸溶液（BHF）具有以下配方：质量分数为 40% 的 NH_4F

溶液与 HF 按体积比 6：1 混合。

例如，可以通过在 170ml H_2O 中混合 113g NH_4F 并添加 28ml HF 来制备，室温下的刻蚀速率为 1000～2500Å/min。这取决于氧化物的实际密度，作为非晶层，它可以具有更紧凑（如果热生长是氧）或更不紧凑（如果通过 CVD 生长）的结构。一般来说，炉管的二氧化硅最致密，刻蚀速率小于 CVD 膜层；退火的膜层刻蚀速率小于没退火的膜层。以下刻蚀反应成立：

$$SiO_2 + 6HF \longrightarrow H_2SiF_6 + 2H_2O$$

其中 H_2SiF_6 是水溶性的。

有时 BHF 是根据上面给出的配方制备和储存的，但在使用前以 7：1 的比例在水中稀释，这可以更好地控制刻蚀速率。最好只使用一次稀释的 BHF 刻蚀剂，然后将其丢弃，以确保过程的可重复性。如果使用 35℃ 的稀释 BHF 刻蚀剂，热氧化物的刻蚀速率约为 800Å/min。

随着技术节点逐渐朝单纳米精度推进，对刻蚀后膜层均匀度和粗糙度要求更高，而 BOE 的刻蚀速率一般较快，克服不了这些问题，极稀的 HF 渐渐受到重视。

（3）HF/EG 混合溶液对二氧化硅的湿法刻蚀

HF/EG 混合溶液是质量分数为 49% 的 HF 与乙二醇以大约 4：96 的体积比混合，温度控制在 70～80℃，对炉管二氧化硅和氮化硅的选择比约 1：1.5；其主要特点是不与基体硅或因干法刻蚀造成损伤的硅反应。因而在有 Si 的刻蚀制程、Si_3N_4 的去除过程、SiO_2 的去除过程，都可考虑使用 HF/EG 混合溶液[6]。

（4）SC1 溶液对二氧化硅湿法刻蚀

SC1 溶液是氢氧化铵（NH_4OH）、过氧化氢（H_2O_2）、水在高温（60～70℃）下按照 1：2：50 的体积比混合而成，SC1 溶液对炉管二氧化硅的刻蚀速率较低，约为 3Å/min，可用于特殊步骤的精细控制。SC1 溶液浓度越大、温度越高，则刻蚀就越快[6]。

4. 氮化硅的湿法刻蚀

由非晶氮化硅（Si_3N_4）制成的薄膜通常是通过硅烷（SiH_4）和氨（NH_3）的化学气相沉积来制备的。由于能够充当水和钠的屏障，它们在微芯片制造中经常被作为钝化层使用。图案化的氮化物层也用作选择性生长二氧化硅的掩膜，以及当 SiO_2 掩膜无法使用时用作刻蚀掩膜。

后一种情况的一个例子是在 KOH 溶液中对硅进行各向异性刻蚀。KOH 溶液中硅的刻蚀速率比 SiO_2 的刻蚀速率快近 1000 倍，在大多数情况下可以成功使用 SiO_2 作为掩膜。但是，高选择比可能需要较长的刻蚀时间，并且 1000：1 的选择比可能仍然太小，无法防止 SiO_2 掩膜在工艺完成之前被刻蚀掉。在这种情况下，Si_3N_4 由于其极低的刻蚀速率，可以成功地替代 SiO_2 掩膜层。氮化硅在半导体制程上的生长方式，跟二氧化硅一样，有炉管氧化法和单片化学气相沉积法，主要应用是作刻蚀的硬式掩膜或 CMP 和干法刻蚀的停止层，如 STI 刻蚀掩膜、多晶硅栅极刻蚀掩膜、先进制程 N 型金属氧化物半导体（n-type metal oxide semiconductor，NMOS）应力记忆技术（stress memorization technique，SMT）掩膜等。不同的应用，就有不同的去除方法，主要考虑临近膜层的选择比。

（1）氮化硅的磷酸湿法刻蚀

氮化硅湿法刻蚀的普遍方法是利用热磷酸溶液进行刻蚀，如质量分数为 85%的浓磷酸混入少量水。由于磷酸溶液的沸点为 180℃，加入水后，其沸点有所降低，所以刻蚀剂的温度控制在 150～170℃，以加快刻蚀速率。当溶液沸腾时，溶液中的水会以蒸汽的形式流失，溶液的浓度会升高。溶液的沸点随着浓度的升高而升高，并且刻蚀速率随着温度和浓度的增加而增加。为了降低刻蚀速率，必须向刻蚀剂中添加水以降低浓度和温度。在沸腾的磷酸中加水非常危险，必须采取相应的措施。

磷酸湿法刻蚀速率一般为 10～100Å/min，对炉管氮化硅的刻蚀速率大约为 50Å/min。而对 CVD 方法制备的氮化硅，刻蚀速率会更高。但是如果制程中包含回火步骤，则刻蚀速率会受很大影响，应依据不同的条件测定实际的结果[6]。

为了提高对二氧化硅的选择比，放入氮的硅晶片，溶入一定的硅，或使用 120～150℃的低温磷酸；反应的主体是氮化硅和水，磷酸在此反应中仅作为催化剂，如下式[12]：

$$Si_3N_4 + 6H_2O \longrightarrow 3SiO_2 + 4NH_3$$

（2）HF/EG 混合溶液对氮化硅的湿法刻蚀

HF/EG 混合溶液对氮化硅的刻蚀速率比二氧化硅要快，选择比为 1.5：1，也不侵蚀硅，有时应用于 CMOS 的浅沟槽形成后氮化硅湿法刻蚀步骤[6]。

（3）HF 对氮化硅的湿法刻蚀

高浓度的 HF（质量分数为 49%）对炉管氧化法或 CVD 法制备的氮化硅也有高的刻蚀速率，因而不适宜制程应用。也正是因为它的高刻蚀速率，对去除挡控片上的氮化硅很有效。其反应如下[13]：

$$Si_3N_4 + 18HF \longrightarrow H_2SiF_6 + 2(NH_4)_2SiF_6$$

5. 金属的湿法刻蚀

在微电子和微机电系统（microelectromechanical system，MEMS）器件中，由于各种金属特有的电气、光学、化学或机械特性，各种金属被大范围地使用，特别是可以湿法刻蚀的元素如铝（Al）、铬（Cr）、金（Au）和铜（Cu）。

此外，为了在 MOSFET 中形成金属硅化物，通常也会利用各种金属进行湿法刻蚀。首先，在晶片上沉积一层金属后，通过高温处理，金属会自对准在有硅的地方（MOSFET 的源极、漏极、栅极），并与硅发生反应产生阻值较低的金属硅化物，而没反应的金属，则必须用湿法刻蚀去除。然后，进行第二次高温处理，以得到阻值更低的金属硅化物。因此，刻蚀化学品必须有高的选择比，只与金属反应，而不侵蚀金属硅化物。

在集成电路制造中最早使用的金属是钛（Ti），随后逐渐推进到钴（Co）、镍（Ni）、镍铂合金（NiPt），对于 32nm 以下的 CMOS 器件，为了得到高集成、快速、低能耗的品质，又尝试用金属栅板替代以往的植入式多晶硅栅极。

（1）铝的湿法刻蚀

铝的密度为 $2.7g/cm^3$，属于轻金属。其晶体结构为面心立方结构。由于其高导电性，铝被用作微电子中的导体，它通常与铜合金化以防止电迁移，或与硅合金化以防止（消耗硅的）铝-硅合金的形成。铝的标准电位为-1.66V，不属于贵金属，其形成非常薄（几纳米）的 Al_2O_3 薄膜在许多物质中表现出非常强的惰性。

典型的铝刻蚀剂包含质量分数为 1%～5%的 HNO_3（用于刻蚀氧化铝）、质量分数为 65%～80%的 H_3PO_4（用于刻蚀天然氧化铝以及由 HNO_3 反应新形成的氧化铝）、乙酸（改善衬底的润湿性和调节给定温度下的刻蚀速率）。

当然，铝也可以用碱性液体刻蚀，例如用稀氢氧化钠或氢氧化钾。然而，光刻胶掩膜却不适用于此，因为相应的高 pH 会在短时间内溶解抗蚀剂膜层，或者在交联负性抗蚀剂的情况下会将其剥离。

（2）铬的湿法刻蚀

由于铬的高硬度和对许多材料的良好黏附性，铬被用于生产光掩膜的微结构领域以及随后应用的金属薄膜的黏附促进剂。铬刻蚀剂通常以硝酸铈铵 $Ce(NH_4)_2(NO_3)_6$ 为基础，高氯酸（$HClO_4$）作为可选添加剂。$HClO_4$ 在水溶液中几乎完全解离，是一种极强的酸（$pK_a < -8$），并作为一种非常强的氧化剂用于稳定 $Ce(NH_4)_2(NO_3)_6$，而 $Ce(NH_4)_2(NO_3)_6$ 本身是一种非常强大的氧化剂。

$Ce(NH_4)_2(NO_3)_6$ 和 $HClO_4$ 腐蚀铬的总式为

$$3Ce(NH_4)_2(NO_3)_6 + Cr \longrightarrow Cr(NO_3)_3 + 3Ce(NH_4)_2(NO_3)_5$$

在刻蚀过程中，铬层上会不断形成黑色的新产物硝酸铬，它非常易溶于水，因此易溶于铬酸盐刻蚀剂。铜、银和钒可以被这种刻蚀混合物强烈刻蚀。而铝、钛、钨和镍只经历微弱的刻蚀。贵金属金、铂和钯则不被刻蚀。经验表明，当铜与铬（电）接触时，铬的刻蚀速率会大大降低。

（3）钛的湿法刻蚀

钛是非常坚硬且耐腐蚀的金属，在集成电路制造中应用很广，主要是它具有低的电阻率和较好的黏附性，可作为基材和沉积在其顶部的金属薄膜之间的隔离层，如作为硅和铝之间的隔离层，起到阻止硅在铝中扩散的作用，以防止所谓的"铝尖峰"，即铝扩散到扩散的硅留下的空间中，从而可能导致短路。钛还可用作钨插塞和金属互连线的阻障层（TiN/Ti/W）、金属与硅间的接触过渡层（钛硅化物）。TiN 是被广泛应用的阻障层，但它的电阻率较高，为了降低接触电阻，常用导电性好的 Ti 来辅助 TiN 使用。

钛在空气中形成非常稳定的氧化层，易被 HF 刻蚀，因此它通常是钛刻蚀剂的成分。H_2O_2 作为第二组分适用于底层的氧化。在 $HF : H_2O_2 : H_2O = 1 : 1 : 20$ 的浓度比下，可以在室温下以大约 $1\mu m/min$ 的刻蚀速率进行刻蚀。

在自对准金属硅化物形成时，沉积在漏极、源极、栅极硅上的钛通过高温作用，与硅反应形成硅化钛（$TiSi_2$），没有反应的钛一部分与氮气进行氮化反应，生成氮化钛，这部分氮化钛和另一部分没反应的钛，在后续制程中将被去掉，最常用的去除化学品是高温高浓度的 SC1 清洗液（$NH_4OH/H_2O_2/H_2O$）和 $H_2SO_4/H_2O_2/H_2O$ 混合液（sulfuric peroxide mixture，SPM）[14-16]。反应如下：

$$Ti + 2H_2O_2 \longrightarrow TiO_2 + 2H_2O$$

$$TiO_2 + 2H_2SO_4 \longrightarrow Ti(SO_4)_2 + 2H_2O$$

$$TiN + 3H_2O + H_2O_2 \longrightarrow TiO^+ + 3OH^- + NH_4OH$$

（4）氮化钛的湿法刻蚀

氮化钛（TiN）在集成电路制造中通常用于金属与硅的欧姆接触或者金属插塞和互连线的阻障材料。为了减小金属与硅的欧姆接触电阻，氮化钛和金属钛经常搭配使用，以抑制尖峰和电迁移现象发生。当金属插塞和互连线的连接性不好时，TiN 也可用作阻障层提升附着力。另外，当 TiN 暴露于有氧的环境，可使氧分子键结未饱和的晶界边界，从而更好阻挡金属的扩散，达到强化 TiN 阻碍功能，这就是"氧气填塞"说法。TiN 用作金属硅化物形成时的阻挡覆盖层，当金属硅化物形成后，和钛一起被去除，它们的去除是用 SC1 或 SPM[6]。

（5）钴的湿法刻蚀

随着 CMOS 设计集成度的增加，特征尺寸随之缩减，由于 MOSFET 源极和漏极的接合深度减小，会衍生短通道效应，解决办法是接合深度和金属硅化物厚度跟 MOSFET 厚度同时减小。钛与钴相比，因为材质的限制，钴金属硅化物可替代钛金属硅化物。钴金属硅化物电阻低、厚度薄、热处理温度低。不同的是形成钴金属硅化物时，是钴原子进入硅内，而钛金属硅化物是硅进入钛。同样，没有参与反应的钴的去除是用 SC1 和 SPM。SC1 首先去除 TiN，接着用 SPM 去除未反应的钴。还有一种混合酸（H_2SO_4、HAc、HNO_3 三者混合），也常用来做钴的去除[6]。

（6）镍和镍铂合金的湿法刻蚀

密度为 $8.9g/cm^3$ 的过渡金属镍是重金属之一，其晶体结构为面心立方结构，由于其硬度和高耐化学性，镍涂层被用作表面的腐蚀保护，以防止化学和机械侵蚀。氧化酸在镍上涂上一层钝化的氧化层，防止进一步刻蚀。出于这个原因，镍刻蚀混合物需要一种能够溶解最初存在的和不断形成的氧化物的介质，以及一种氧化剂。与钛一样，镍可以使用 H_2O_2（用于 Ni 的氧化）和 HF（用于氧化物的溶解）进行刻蚀。可以使用 HNO_3 作为氧化剂，并且可以使用 HCl 代替 HF。质量分数为 30% 的 $FeCl_3$ 水溶液也可刻蚀镍。

在集成电路制造中，当逻辑 CMOS 制程推进到 65nm 或 45nm 以下时，性能更好的 Ni 或 NiPt 又替代了 Co，以形成阻值更小、浅接面更薄的 Ni 硅化物或 NiPt 硅化物。一定量 Pt 的加入，有利于提高浅接面的均匀性，阻止 Ni 在 Si 中的快速扩散而使栅极产生肩膀形的镍硅化物[6]。没有反应的 NiPt，一般用盐酸基体的水溶液去除[17]，第一种是稀王水在 85℃ 去除 Pt，HCl、HNO_3、H_2O 的体积比为 3∶1∶4（HCl 质量分数为 37%、HNO_3 质量分数为 70%）。反应如下：

$$Pt + 8HNO_3 \longrightarrow Pt(NO_3)_4 + 4NO_2 + 4H_2O$$

$$Pt(NO_3)_4 + 6HCl \longrightarrow H_2PtCl_6 + 4HNO_3$$

总反应

$$Pt + 4HNO_3 + 6HCl \longrightarrow H_2PtCl_6 + 4NO_2 + 4H_2O$$

第二种是 HCl 和 H_2O_2 的混合物，去除 Pt 的效果也很好。反应如下：

$$Pt + 2H_2O_2 + 6HCl \longrightarrow H_2PtCl_6 + 4H_2O$$

但是，以 HCl 为基体的刻蚀剂，会严重地侵蚀 Ni(Pt)Si 或 Ni(Pt)SiGe，使金属硅化物阻值升高。这就要求有一种刻蚀剂是无氯基体，而且对 Ni(Pt)Si 或 Ni(Pt)SiGe 无伤害、对金属选择比又高。这就是目前常用的高温硫酸和 H_2O_2 混合液，它的反应如下：

$$2Pt + H_2SO_4 + H_2O_2 \longrightarrow Pt(OH)_2 + PtO + H_2SO_3$$

据美国 FSI 公司报道，它的 ZETA 系列或附加 ViPR 功能，可通过预先加热不同浓度比的 SPM，使晶片温度高达 200℃。进一步研究表明，SPM 在单一晶片机台上应用于 45nm NiPt 硅化物制程的清洗，器件无论在物理性能或电性方面都好于传统 HCl 基体液处理[18]。

（7）金的湿法刻蚀

金是一种密度非常高的金属，其密度为 $19.3g/cm^3$，其晶体结构为面心立方结构。标准电位 +1.5eV，黄金属于贵金属，其电子构型 $[Xe]4f^{14}5d^{10}6s^1$ 强烈防止金的氧化：完全占据的 5d 轨道延伸到价带电子之外，从而很好地屏蔽了任何反应伙伴。因此，金的湿法刻蚀需要强氧化剂来分离未配对的价带电子，以及络合剂来抑制氧化金原子重新组装回晶体中。凭借对大多数酸和碱的高化学稳定性，金在微电子学中用作电触点或保护材料。

浓 HNO_3 和浓 HCl 的混合物（浓度比为 1∶3，也称为王水）能够在室温下刻蚀金。这种混合物通过如下反应形成亚硝酰氯（NOCl）。

$$HNO_3 + 3HCl \longrightarrow NOCl + 2Cl + 2H_2O$$

而溶液中形成的游离 Cl 自由基使贵金属以 Cl 络合物的形式（氯金酸 $HAuCl_4$）溶解。王水在室温下对黄金的刻蚀速率约为 $10\mu m/min$，在温度升高的情况下可以增加到数十微米每分。

此外，钯、铝、铜和钼在室温下也可被王水刻蚀。如要刻蚀铂或铑，必须加热刻蚀剂以获得合适的刻蚀速率。铱的刻蚀需要强烈加热（沸腾）的王水。由于会形成氯化银钝化膜，因此银不会受到王水的侵蚀。铬、钛、钽、锆、铪和铌也可以形成非常稳定的钝化膜（在许多情况下是金属氧化物），至少在室温下能够保护金属免受王水的侵蚀。出于同样的原因，钨在王水中的刻蚀速率非常缓慢。

另外，还可用 KI/I_2 刻蚀金，因为金和碘通过如下反应形成碘化金（AuI）。

$$2Au + I_2 \longrightarrow 2AuI$$

通过向溶液中添加 KI，可以提高 AuI 的溶解度。碘/碘化物可以被除氟之外的其他卤化物取代。

在混合比 $KI∶I_2∶H_2O = 4g∶1g∶40ml$ 溶液中，在室温下金的刻蚀速率约为 $1\mu m/min$。铜也具有相当的刻蚀速率，而镍仅在与金接触时才会被刻蚀。

也可通过剧毒的氰化钠(NaCN)或氰化钾（KCN）的水溶液形成可溶性氰基络合物[$Au(CN)_2$]溶解金。该反应需要空气中的氧气或通过分解添加到刻蚀中的 H_2O_2 来提供氧气。除了金之外，氰化物溶液还会刻蚀银和铜，它们也会形成可溶性氰基络合物。

（8）银的湿法刻蚀

贵金属银的晶体结构为面心立方结构。银在所有金属中具有最高的电导率，在微电子学上被用作导体材料。

相应的银刻蚀剂需要一种能够氧化银的成分，以及另一种溶解氧化银的成分。除了金刻蚀部分中描述的 $KI/I_2/H_2O$ 刻蚀剂外，银也被 $NH_4OH∶H_2O_2∶CH_4O = 1∶1∶4$（浓度比）的混合液刻蚀。由于有毒的甲醇不是强制性成分，可以省略，但会降低刻蚀均匀性，也可用水代替。

用于银的另一种刻蚀混合物是 $HNO_3∶HCl∶H_2O = 1∶1∶1$（浓度比）的水溶液。

（9）铜的湿法刻蚀

由于与银相比，铜具有高导电性和较低的成本，因此铜在微电子学上被广泛用作导体材料。由于无法进行等离子体刻蚀，因此必须使用湿法刻蚀加工技术。

铜被（稀释的）HNO$_3$ 及饱和的质量分数为 30% 的 FeCl$_3$ 溶液刻蚀。NH$_4$OH 和 H$_2$O$_2$ 的混合物也会腐蚀铜。

1.2.3　金属辅助化学刻蚀加工技术

在半导体器件中，微/纳米结构是器件功能实现的基本单元，传统的大批量制造可以通过光刻、刻蚀和金属沉积技术的组合，来加工具有低深径比的平面二维（2D）结构；然而，使用这些方法却难以加工高深径比的 2D 和三维（3D）结构。高深径比、复杂三维结构的半导体微/纳米结构，通常具有优异的电子特性、磁性和光学特性[19]，普遍存在于微电子、光伏、光电子和自旋电子器件中[20-21]。但是，加工这些半导体微/纳米结构极具挑战性。这是由于当前纳米制造框架的限制，该框架严重依赖以固定掩膜为中心、与光刻和薄膜沉积/生长工艺结合使用的湿法刻蚀和干法刻蚀工艺。虽然这种组合足以加工一系列用途广泛的结构[22]，但使用这些工艺加工的器件通常由简单的咬边或二维图案组合而成；需要多次光刻、刻蚀和沉积循环来创建一个主要由相互堆叠的水平二维物体组成的结构[23]。

直接写入法，例如两个光子聚合、电子束诱导沉积（electron beam induced deposition，EBID）和聚焦离子束（focused ion beam，FIB）沉积等，能加工复杂的 3D 螺旋结构，并对其几何形状和位置进行有效的控制[24]。这些方法使用一束光子、电子或离子在聚合物抗蚀剂或吸附的碳氢化合物中局部诱导聚合或断链；3D 结构是通过在 3D 空间将光束光栅化以"写入"图案来加工的。使用这种方法可以很容易地加工 3D 螺旋结构，并取得优异的效果。遗憾的是，对于大批量应用或商业化来说，这些过程的加工效率太低了。

金属辅助化学刻蚀（metal-assisted chemical etching，MacEtch）加工技术是近年来发展的一种新型湿法刻蚀加工技术。其基本原理如图 1.1 所示。首先将催化剂（通常是 Ag、Au、Pt 或 Pd）沉积或图案化在硅衬底上，然后将样品浸入含有 HF 和 H$_2$O$_2$ 等氧化剂的溶液中。金属作为 H$_2$O$_2$ 等氧化剂还原的催化剂，消耗两个电子和两个氢离子。然后，金属还充当非常短的导线，将这种还原反应连接到硅衬底，从硅的价带深处获取两个电子，并在金属催化剂周围形成一个富含空穴的硅区域。这个富含空穴的硅区域非常容易受到 HF 的攻击，并且很容易从 Si 氧化成 Si^{4+}，形成可溶性 H$_2$SiF$_6$ 和 SiF$_6^{2-}$ [25]。随着催化剂周围和下方的硅溶解，范德瓦耳斯力和静电力随后将催化剂拉入硅衬底中[26]，形成高选择比、高深径比的微/纳米结构。可见，MacEtch 的功能源自独特的、可移动的催化剂图案。催化剂可产生高度局部化的、可移动的电镀刻蚀反应。虽然传统的刻蚀工艺依赖于固定掩膜来定义其刻蚀轮廓，但在 MacEtch 中，催化剂定义的刻蚀轮廓也随着刻蚀前端移动，使 MacEtch 能够在整个刻蚀深度内保持极其严格的特征分辨率[27]。此外，如果通过设计高度非线性力[18]驱动催化剂按照预定义的 3D 刻蚀路径[28]运动，可加工出复杂三维结构。

因为这些特性，MacEtch 解决了在制造 3D 纳米结构阵列时遇到的一些挑战。如能够在单个光刻/刻蚀周期中制造合理的复杂 3D 结构，同时即使在延伸数十微米的刻蚀深度上也能保持 1～2nm 的特征分辨率。该工艺已用于加工高深径比硅纳米线[29]、锯齿形纳米线[30-31]、螺旋结构[27-28, 32-35]、亚表面摆线[27]、倾斜通道[27]、垂直排列的薄膜[26, 36-37]、折叠结构[38]、硅通孔（through silicon via, TSV）[39-40]、光伏[41-46]和与化学沉积相结合时的 3D 金属结构[20, 28]。重要的是，MacEtch 具有可扩展性，可以利用大规模并行光刻工艺在单个光刻/刻蚀周期中加工高深径比 3D 结构。关于 MacEtch 加工的具体介绍，将在后续的章节中详细展开。

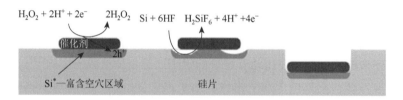

图 1.1 MacEtch 工艺原理示意图

1.3 小 结

本章简述了半导体加工技术的分类，重点介绍了集成电路制造中影响重大且至关重要的技术之一刻蚀加工技术，包括干法刻蚀加工技术、湿法刻蚀加工技术及近年来发展的 MacEtch 加工技术，分析了各类刻蚀加工的基本原理及发展现状。

参 考 文 献

[1] Semiconductor Industry Association. Global semiconductor sales, units shipped reach all-time highs in 2021 as industry ramps up production amid shortage[EB/OL].（2022-02-14）[2023-02-24].https://www.semiconductors.org/ global-semiconductor-sales-units-shipped-reach-all-time-highs-in-2021-as-industry-ramps-up-production-amid-sho rtage/.

[2] 中国半导体行业协会. 2021 年中国集成电路产业运行情况[EB/OL].（2022-03-14）[2023-02-24]. https://web. csia.net.cn/newsinfo/2523503.html.

[3] Suzuki K, Itabashi N. Future prospects for dry etching[J]. Pure and Applied Chemistry, 1996, 68（5）: 1011-1015.

[4] Sugawara M. Plasma etching: Fundamentals and applications[M]. Oxford: Oxford University Press, 1998.

[5] Abe H, Yoneda M, Fujiwara N. Developments of plasma etching technology for fabricating semiconductor devices[J]. Japanese Journal of Applied Physics, 2008, 47: 1435-1455.

[6] 张汝京. 纳米集成电路制造工艺[M]. 北京: 清华大学出版社, 2014.

[7]　李炳宗，茹国平，屈新萍，等. 硅基集成芯片制造工艺原理[M]. 上海：复旦大学出版社，2021.

[8]　Chen G S，Kashkoush I，Novak R E. The use of ozonated HF solutions for polysilicon stripping[C]//The 6th International Symposium on Cleaning Technology in Semiconductor Device Manufacturing，Honolulu，1999.

[9]　Plummer J D，Deal M D，Griffin P B. Silicon VLSI technology：Fundamentals，practice and modeling[M]. London：Pearson Education Inc.，2003.

[10]　Liu L J，Pey K L，Foo P D. HF wet etching of oxide after ion implantation[C]//IEEE Hong Kong Electron Devices Meeting，Hong Kong，1996.

[11]　Wolf S，Tauber R N. Silicon processing for the VLSI Era volume 1：Process technology[M]. Sunset Beath: Lattice Press，1986.

[12]　Sokolov I，Ong Q K，Shodiev H，et al. AFM study of forces between silica，silicon nitride and polyurethane pads[J]. Journal of Colloid and Interface Science，2006，300（2）：475-481.

[13]　Moss S J，Ledwith A. The chemistry of the semiconductor industry[M]. Berlin：Springer，1989.

[14]　庄达人. VLSI 制造技术[M]. 新北：高立图书有限公司，1995.

[15]　Ong M，Ung W，Chai C C，et al. Cobalt stripping process integration for cobalt salicide residue improvement[C]// 2008 IEEE International Conference on Semiconductor Electronics，Johor Bahru，2008：609-613.

[16]　Verhaverbeke S，Parker J W. Model for the etching of Ti and TiN in SC-1 solutions[C]//Materials Research Society symposia proceedings，San Francisco，1997：447-458.

[17]　Myron J R，Roberts J F. Observations on the formation and etching of platinum silicide[J]. Applied Physics Letters，1974，24（2）：49-51.

[18]　Chen Y W，Ho N T，Lai J，et al. Advances on 45nm SiGe-compatible NiPt salicide process[J]. Solid State Phenomena，2009，145-146：211-214.

[19]　Sharma J，Chhabra R，Cheng A，et al. Control of self-assembly of DNA tubules through integration of gold nanoparticles[J]. Science，2009，323：112-116.

[20]　Thiel M，Rill M S，von Freymann G，et al. Three-dimensional bi-chiral photonic crystals[J]. Advanced Materials，2009，21（46）：4680-4682.

[21]　Thiel M，Decker M，Deubel M，et al. Polarization stop bands in chiral polymeric three-dimensional photonic crystals[J]. Advanced Materials，2007，19（2）：207-210.

[22]　Cui Z. Nanofabrication：Principles，capabilities and limits[M]. Berlin：Springer，2008.

[23]　Gad-el-Hak M. MEMS：Applications[M]. Baco Raton：CRC Press，2006.

[24]　Gansel J K，Thiel M，Rill M S，et al. Gold helix photonic metamaterial as broadband circular polarizer[J]. Science，2009，325（5947）：1513-1515.

[25]　Li X，Bohna P W. Metal-assisted chemical etching in HF/H_2O_2 produces porous silicon[J]. Applied Physics Letters，2000，77（16）：2572-2574.

[26]　Hildreth O J，Rykaczewski K，Fedorov A G，et al. A DLVO model for catalyst motion in metal-assisted chemical etching based upon controlled out-of-plane rotational etching and force-displacement measurements[J]. Nanoscale，2013，5（3）：961-970.

[27]　Hildreth O J，Lin W，Wong C P. Effect of catalyst shape and etchant composition on etching direction in metal-assisted chemical etching of silicon to fabricate 3D nanostructures[J]. ACS Nano，2009，3（12）：4033-4042.

[28]　Hildreth O J，Fedorov A G，Wong C P. 3D spirals with controlled chirality fabricated using metal-assisted chemical etching of silicon[J]. ACS Nano，2012，6（11）：10004-10012.

[29]　Peng K Q，Yan Y J，Gao S P，et al. Dendrite-assisted growth of silicon nanowires in electroless metal deposition[J].

Advanced Functional Materials, 2003, 13 (2): 127-132.

[30] Kim J, Kim Y H, Choi S H, et al. Curved silicon nanowires with ribbon-like cross sections by metal-assisted chemical etching[J]. ACS Nano, 2011, 5 (6): 5242-5248.

[31] Chen H, Wang H, Zhang X H, et al. Wafer-scale synthesis of single-crystal zigzag silicon nanowire arrays with controlled turning angles[J]. Nano Letters, 2010, 10 (3): 864-868.

[32] Tsujino K, Matsumura M. Helical nanoholes bored in silicon by wet chemical etching using platinum nanoparticles as catalyst[J]. Electrochemical and Solid-State Letters, 2005, 8 (12): C193-C195.

[33] Chun I S, Chow E K, Li X L. Nanoscale three dimensional pattern formation in light emitting porous silicon[J]. Applied Physics Letters, 2008, 92 (19): 191113.

[34] Hildreth O, Xiu Y H, Wong C P. Wet chemical method to etch sophisticated nanostructures into silicon wafers using sub-25nm feature sizes and high aspect ratios[C]//2009 59th Electronic Components and Technology Conference, San Diego, 2009.

[35] Hildreth O J, Honrao C, Sundaram V, et al. Combining electroless filling with metal-assisted chemical etching to fabricate 3D metallic structures with nanoscale resolutions[J]. ECS Solid State Letters, 2013, 2 (5): P39-P41.

[36] Hildreth O J, Brown D, Wong C P. 3D out-of-plane rotational etching with pinned catalysts in metal-assisted chemical etching of silicon[J]. Advanced Functional Materials, 2011, 21 (16): 3119-3128.

[37] Rykaczewski K, Hildreth O J, Wong C P, et al. Directed 2D-to-3D pattern transfer method for controlled fabrication of topologically complex 3D features in silicon[J]. Advanced Materials, 2011, 23 (5): 659-663.

[38] Rykaczewski K, Hildreth O J, Wong C P, et al. Guided three-dimensional catalyst folding during metal-assisted chemical etching of silicon[J]. Nano Letters, 2011, 11 (6): 2369-2374.

[39] Li L Y, Zhao X Y, Wong C P. Deep etching of single-and polycrystalline silicon with high speed, high aspect ratio, high uniformity, and 3D complexity by electric bias-attenuated metal-assisted chemical etching (EMaCE)[J]. ACS Applied Materials & Interfaces, 2014, 6 (19): 16782-16791.

[40] Li L Y, Liu Y, Zhao X Y, et al. Uniform vertical trench etching on silicon with high aspect ratio by metal-assisted chemical etching using nanoporous catalysts[J]. ACS Applied Materials & Interfaces, 2014, 6 (1): 575-584.

[41] Li X L. Metal assisted chemical etching for high aspect ratio nanostructures: A review of characteristics and applications in photovoltaics[J]. Current Opinion in Solid State and Materials Science, 2012, 16 (2): 71-81.

[42] Tsujino K, Matsumura M, Nishimoto Y. Texturization of multicrystalline silicon wafers for solar cells by chemical treatment using metallic catalyst[J]. Solar Energy Materials & Solar Cells, 2006, 90: 100-110.

[43] Tsujino K, Matsumura M. Formation of a low reflective surface on crystalline silicon solar cells by chemical treatment using Ag electrodes as the catalyst[J]. Solar Energy Materials & Solar Cells, 2006, 90: 1527-1532.

[44] Chaoui R, Mahmoudi B, Ahmed Y S. Porous silicon antireflection layer for solar cells using metal-assisted chemical etching[J]. Physica Status Solidi (a), 2008, 205 (7): 1724-1728.

[45] Oh J H, Yuan H C, Branz H M. An 18.2%-efficient black-silicon solar cell achieved through control of carrier recombination in nanostructures[J]. Nature Nanotechnology, 2012, 7: 743-748.

[46] Clément C L. Applications of porous silicon to multicrystalline silicon solar cells: State of the art[J]. ECS Transactions, 2013, 50 (37): 167-180.

第二章　半导体的金属辅助化学刻蚀加工

本章参考文献[1]对 MacEtch 加工进行详细介绍。

本章主要介绍有关 MacEtch 的基本背景信息。从 MacEtch 的历史开始，本章详细介绍了基本化学及催化剂材料和刻蚀剂成分等关键参数，同时还讨论了更小的细节，例如，有限的晶体学依赖性和微孔的形成。此外，还讨论了当前关于刻蚀期间催化剂运动的理论。MacEtch 可以采用多种不同的刻蚀机制加工多种类型的孔，术语"孔"表示由类似球形催化剂雕刻出的圆形孔。多孔硅是指在硅中电化学产生的孔洞，与非金属刻蚀或金属催化剂颗粒周围和下面的刻蚀有关。大孔、中孔和微孔硅是多孔硅的子集，其中大孔尺寸大于 50nm、中孔尺寸则是 2～50nm、而微孔的尺寸小于 2nm[2]。Huang 等[3]详细介绍了 MacEtch 的化学性质以及其加工参数的各个方面如何影响刻蚀速率和特征分辨率。Li[4]详细介绍了影响 MacEtch 用于光伏应用的因素，并概述了使用 MacEtch 刻蚀的 Si 或 GaN 结构的形态。读者还可以阅读文献[2]或文献[5]了解更多关于这个主题的信息，以便对 HF 溶液中硅的电化学性质有更深入的了解。

2.1　金属辅助化学刻蚀简介

2.1.1　金属辅助化学刻蚀的历史

关于 MacEtch 类工艺实验的最早记录通常认为是 Malinovska 等在 1997 年的研究，他们在用染色刻蚀技术加工多孔硅时，使用 Al 薄膜来减少刻蚀时间[6]。在这项工作中，Malinovska 等指出，当染色刻蚀前在硅衬底上沉积一层铝薄膜时，在含有 HF、HNO_3 和 H_2O 的溶液中形成微孔硅的能力会增强。他们将刻蚀时间的减少和多孔硅的增加归因于 HNO_3 对 Al 薄膜的氧化，他们假设这个氧化膜形成了一个有利于 HNO_3 在硅片上进一步还原的局部化学环境。尽管这项研究对 MacEtch 的发展至关重要，但不得不承认的是在含有 HF、HNO_3、H_2O 的溶液中 Al 薄膜下的硅片去除至少可以追溯到 1976 年[7]，当时有人可能注意到类似的现象，只是没有刻意利用这些现象来刻蚀硅。MacEtch 的概念基本确立于 2000 年，当时 Li 和 Bohn 在研究电化学多孔硅形成时，使用 H_2O_2 代替 HNO_3 作为氧化剂，这一步实现了重大飞跃[8]。这种改变消除了 HNO_3 的化学刻蚀特性，并更好地将刻蚀反应

限制在可以消耗 H_2O_2 的金属上。这项研究还将催化膜由铝改为贵金属，贵金属在含有 HF、H_2O_2 溶液中更稳定并以更高的速率催化还原 H_2O_2。

随着时间的推移，MacEtch 继续受到关注，因为它从一种加工多孔硅的工艺[5, 7]发展为用于加工硅纳米线[9-11]、超疏水硅[12-13]、3D 纳米结构[14-18]、用于光伏的反射涂层[19-21]、MEMS 器件[22]和 X 射线波带板的工艺。Bohn 团队、Harada、Tsujino 和 Chartier 的研究工作奠定了该领域早期的研究基础[8, 23-28]。这些开创性的工作确立了 MacEtch 的基础化学性质，并有助于其在科学界得到越来越多的认可。有了这种认可，许多新的研究小组都在研究 MacEtch 的参数空间并将 MacEtch 纳入他们的制造工艺[3, 4, 9, 12-14, 16-17, 23, 29-38]。如图 2.1[39]所示，MacEtch 还可以作用于其他 Ⅲ-Ⅳ-Ⅴ 族半导体如 GaN 和 GaAs[40-43]。值得注意的是近期关于金属辅助电化学刻蚀（metal-assisted electro chemical etching，MaeEtch）的研究是将 MacEtch 与传统的电化学刻蚀相结合。该过程利用发生在硅/金属界面的能带弯曲来定位硅在 HF 溶液中的电化学刻蚀[36-37, 44-46]。MaeEtch 对于探测 MacEtch 的基础电化学性质特别有用，并且可以与电化学加工工艺相结合以快速加工硅通孔。

在文献[8]中，Li 和 Bohn 最初将他们的工艺命名为 H_2O_2-metal-HF（HOME-HF），"金属辅助化学刻蚀"的俗称来源于文献[8]的标题"在 HF/H_2O_2 中的金属辅助化学刻蚀产生多孔硅"，而后金属辅助化学刻蚀通常是该工艺的首选名称。有时，在文献中会观察到术语"金属辅助刻蚀"或"金属辅助化学腐蚀"。此外，已观察到金属辅助化学刻蚀有许多首字母缩略词，包括 MacEtch、MaCE、MACE 和 MAE。不幸的是，至今使用的首字母缩略词的数量在某种程度上破坏了 MacEtch 社区，并使文献搜索变得更加费力。在中国材料研究学会 2014 年春季会议上，由 Hildreth、Li 和 Huang 组织的研讨会首次将金属辅助化学刻蚀界的众位学者聚集在一起。在那次研讨会上将金属辅助化学刻蚀作为工艺名称和将 MacEtch 作为缩略词形成了共识。用 Li 的话说，"关于首字母缩略词，如果你把 MacEtch 发音为'Mac'——就像苹果电脑的'Etch'，它听起来就像是与 Dry Etch

图 2.1　MacEtch 工艺制造纳米鳍结构阵列

（a）纳米鳍结构阵列的 45°倾斜视图的扫描电子显微镜图像；（b）其中一个纳米鳍的放大图[39]

或 Wet Etch 平等"。从本质上讲，Li 指出，MacEtch 是一种全新的、与传统的湿法或干法刻蚀加工技术原理不同的刻蚀加工技术。使用术语 MacEtch 强调了这些差异，并有助于将 MacEtch 归类为独立刻蚀加工技术。总的来说，本书中将使用首字母缩略词 MacEtch。

2.1.2　金属辅助化学刻蚀原理

MacEtch 是一种移动的电化学刻蚀反应，通过随刻蚀前沿一起移动的催化剂进行定位。图 1.1 用最简单的阴极和阳极反应示意性地说明了基本过程[8, 24, 28]。总体而言，该系统被建模为一个局部电化学过程，其中硅充当阳极，金属充当阴极，在刻蚀过程中局部电池电流在两个位置之间流动[8]。虽然可以使用多种催化剂、衬底和刻蚀剂组合，但本书将主要限于大多数催化剂、衬底和刻蚀剂组合。特别地，贵金属在含有 HF 和 H_2O_2 的溶液、硅衬底，以及含有 HF 和 H_2O_2 的刻蚀剂中相当稳定。读者可以参考文献[3]，了解更多奇特的 MacEtch 系统。这种系统的阴极反应被合理地确定为

阴极（金属）：

$$H_2O_2 + 2H^+ \longrightarrow 2H_2O + 4h^+ \tag{2.1}$$

$$2H^+ \longrightarrow H_2 + 2h^+ \tag{2.2}$$

与 H_2 相比，H_2O_2 的标准电位更高，因此 H_2O_2 的还原反应是主要反应。一般来说，没有强氧化剂的 MacEtch 系统几乎不会发生刻蚀[8, 28, 47]。

阳极上硅的溶解过程稍微复杂一些，存在多种可用的溶解路径。

阳极（硅）：

P1——四价态（指反应式中得到的空穴数量，下同）Si 的定向溶解[8, 23-24]

$$Si + 4HF + 4h^+ \longrightarrow SiF_4 + 4H^+ \tag{2.3}$$

$$SiF_4 + 2HF \longrightarrow H_2SiF_6 \tag{2.4}$$

P2——二价态 Si 的定向溶解[11, 27]

$$Si + 4HF_2^- + 2h^+ \longrightarrow SiF_6^{2-} + 2HF + H_2 \tag{2.5}$$

P3——先形成四价态二氧化硅，随后氧化物溶解[28, 33, 48]

$$Si + 2H_2O + 4h^+ \longrightarrow SiO_2 + 4H^+ \tag{2.6}$$

$$SiO_2 + 6HF \longrightarrow H_2SiF_6 + 2H_2O \tag{2.7}$$

溶解路径 P3 与路径 P1 和 P2 相比区别在于，它在硅溶解之前形成了氧化层。路径 P1 和 P2 的主要区别在于 H_2 气体的产生和空穴的消耗数量。催化剂和刻蚀剂成分通过有效地改变空穴的注入电流以决定刻蚀速率，并且硅在 HF 溶液中的电

流-电位（I-V）曲线可能与催化剂和刻蚀剂成分有关[28, 37, 49]。不幸的是，目前还没有不同使用途径的硅氧化动力学的模型能够将刻蚀剂成分和催化剂材料联系起来。因此，开发能够产生一组特定结果的刻蚀工艺需要一些工艺优化和参数空间探索。实验表明，使用对 H_2O_2 具有更高催化活性的金属或更高浓度的 H_2O_2 会增加空穴的注入电流和 SiO_2 氧化层的形成速率。P1、P2 和 P3 溶解路径的各反应物比例及其总速率控制着大部分的 MacEtch 加工结果，包括特征分辨率、刻蚀路径和刻蚀速率[26, 28, 49]。

在热力学上，MacEtch 是由氧化剂和硅的价带之间的巨大电化学电位差驱动的。如图 2.2 所示，H_2O_2 拥有较大的正电化学电位意味着空穴直接注入到硅的价带中。尽管刻蚀速率和特征分辨率会受到这些参数的影响，但该空穴的注入过程在很大程度上与掺杂类型和掺杂水平无关。从动力学上讲，即使在 HF 和 H_2O_2 浓度较高的溶液中，H_2O_2 在未损坏的硅表面上的还原速率很慢，当刻蚀速率低于10nm/h 时，在 HF/H_2O_2 溶液中直接溶解的硅也可以忽略不计[3]。然而值得注意的是，高浓度的 HF/H_2O_2 溶液可以优先刻蚀在 MacEtch 中偶然产生的微孔硅，其相对于刻蚀体硅的比率为 $10^5 : 1$[50]。长时间刻蚀时，微孔硅对高浓度 HF/H_2O_2 溶液的敏感性会降低特征分辨率。Si/金属界面处的能带弯曲在 MacEtch 中起重要作用。一旦氧化剂在催化剂上被还原，空穴就会被注入到价带深处，如图 2.2 所示。Huang等[36]计算的肖特基势垒高度（Schottky barrier height，SHB）和价带最大值电位表明，

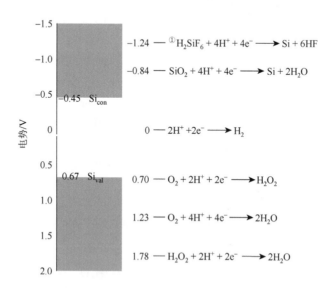

图 2.2　硅的电位关系能带结构和 MacEtch 过程中（可能）发生的反应的标准电位示意图

---

① "——"左侧表示电势，"——"右侧表示该电势下（可能）发生的反应。

这种电荷转移过程受到硅/催化剂界面处表面能带弯曲的严重影响。这种能带弯曲可能是 MacEtch 报告的紧密特征分辨率为 1～2nm 的原因，因为它限制了空穴在催化剂周围区域的转移[14]。

2.1.3　金属催化剂

金属催化剂是 MacEtch 的关键成分，它既定义了刻蚀路径，又决定了高浓度刻蚀剂下 H_2O_2 的还原率，其中空穴注入过程受到催化剂上 H_2O_2 还原的限制。一般而言，贵金属催化剂的刻蚀速率为 Pd＞Pt＞Au＞Ag，在高浓度刻蚀剂中，Pt、Au 和 Ag 纳米粒子催化剂带来的刻蚀速率分别为 700nm/s、50nm/s 和 10nm/s[51]。请注意，目前没有可比较的 Pd 在刻蚀剂中刻蚀速率的数据，因为 Pd 具有极高催化活性，对 H_2O_2 还原会产生极大数量的空穴，注入电流从本质上是对样品进行了电抛光。值得注意的是，Ag 催化剂在 MacEtch 刻蚀剂中并不完全稳定，Ag 在刻蚀剂中可以被氧化形成 Ag^+，这些 Ag^+ 先扩散一段距离，然后通过硅的氧化在 HF/Si 界面还原为 $Ag^[28, 52-53]$。这种现象在化学稳定性更高的 Au 和 Pt 催化剂中是看不到的。

金属颗粒的形状直接控制刻蚀硅衬底得到的轮廓。例如，圆形催化剂颗粒会刻蚀出一个圆孔，不连续的薄膜会形成纳米线，星形催化剂会刻蚀出星形孔等。这一点至关重要，例如，KOH 或 TMAH 的刻蚀是各向异性的，并且得到的刻蚀孔与用于定义刻蚀轮廓的掩膜的形状不相同。刻蚀形貌在整个刻蚀深度上与催化剂的轮廓相似，这一事实使 MacEtch 成为一种用途特别广泛的加工工艺。

催化剂的尺寸是一个基本的工艺参数，它显著地影响刻蚀速率、特征分辨率和刻蚀路径。实验表明，刻蚀速率与 $w^{\frac{1}{3}}$ 成比例，其中 w 是催化剂的特征长度或特征宽度[18]。本质上，大型催化剂的刻蚀速率比小型催化剂慢，因为反应物或产物扩散进或扩散出催化剂下方区域需要更长的时间。有趣的是，纯扩散模型会用 $w^{\frac{1}{2}}$ 而不是 $w^{\frac{1}{3}}$ 来缩放刻蚀速率，并且必须有未知因素在起作用以减慢反应物和产物的扩散速率。潜在的、未经证实的因素包括，一旦形成微孔硅后，扩散长度增加或由于多孔硅中亚 4nm 宽通道内的限制效应，导致反应物/产物扩散速率降低。

刻蚀速率随着催化剂尺寸的增加而降低对工艺设计具有重要意义。第一个也是最明显的意义是，较大的结构需要更长的刻蚀时间才能达到与较小催化剂相同的刻蚀深度。例如，300nm 宽的 Au 催化剂只能以 4～8nm/s 的速度刻蚀，而较小的 50nm 宽的 Au 催化剂以 17nm/s 的速度刻蚀。据报道，更小的 1～2nm 宽的 Pt 催化剂的刻蚀速率甚至超过 700nm/s[51]。第二，较大的催化剂将在催化剂周围出现明显的非金属刻蚀，形成大孔硅或微孔硅延伸超过金属边缘数微米的广泛区域。第三，由于边缘的刻蚀速率高于中心，大型催化剂可能会变形和弯曲，导致特征分辨率降低且控制刻蚀路径的难度增大。幸运的是，这些问题可以通过适当调整催化剂形态来避免，在整个催化剂中包含小的"针孔"，以在减小特征宽度的同时保持刻蚀轮廓的整体形状[18]。通过混合不同特征宽度的区域，可以设计通过复杂 3D 刻蚀路径的催化剂，包括 3D 折叠结构[18]、平面外旋转结构[16-17, 54]和 3D 螺旋结构[15, 55]。

2.1.4　刻蚀剂

就本书而言，刻蚀剂成分表示为

$$\rho^x = \left(100 \times \frac{[HF]}{[HF]+[H_2O_2]}\right)^{[HF]}$$

其中 x 是以 mol/L 为单位的 HF 浓度。Chartier 符号的修改版本[28]清楚地表示了整体 HF 浓度，并且更容易比较使用不同浓度的工作之间的结果。例如，Li 和 Bohn[8]将使用的刻蚀剂成分表示为 $\rho = 74^{9.2}$[体积比为 EtOH：HF(质量分数为 49%)：H_2O_2(质量分数为 30%) = 1：1：1]，其中 74 为上式中非指数部分中浓度计算的结果，9.2 表示刻蚀剂中 HF 的浓度为 9.2mol/L。刻蚀剂成分和浓度在决定特征分辨率、刻蚀速率、孔形态和微孔硅生成方面起着巨大的作用。Chartier 等系统地探索了浓缩溶液中银催化剂的参数空间，发现了这种相互作用[28]。在这项工作中，刻蚀剂成分从 $\rho = 5^{0.6}$（在文献[1]中表示为 $\rho = 5\%$）变化到 $\rho = 95$（在文献[1]中表示为 $\rho = 95\%$），并建立了从低 ρ 值抛光到高 ρ 值微孔的刻蚀机制（值得注意的是，大多数刻蚀剂使用的体积比未在 Chartier 等的文章中给出，本书作者已根据 Chartier 使用的 HF 和 H_2O_2 的质量分数将 Chartier 的符号转换为自己的符号，并将[H_2O_2]保持在 40mol/L）。图 2.3 给出了刻蚀剂成分为 $\rho = 5^{0.6} \sim 30^{4.0}$（$\rho \approx 5\% \sim 30\%$）的扫描电子显微镜（scanning electron microscope，SEM）显微照片，图 2.4 展示了刻蚀速率、刻蚀方案和刻蚀剂成分的关系。请注意，对于这种特定的催化剂和刻蚀剂组合，刻蚀速率在 $\rho = 83^{15.3}$（ρ 约为 80%）和 25：10：4 的体积比附近达到最大值。这些图说明了特征分辨率随着 ρ 增加而增加的总体趋势，随着 ρ 的增加，质量传输使 HF 流入增加，导致空穴生成率降低。这是由于通过增加空穴在催化剂/硅处被消耗的概率，使空穴在金属/硅界面的传输最小化。

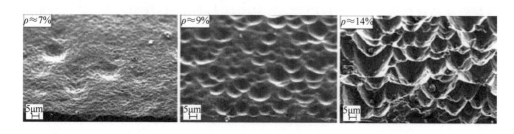

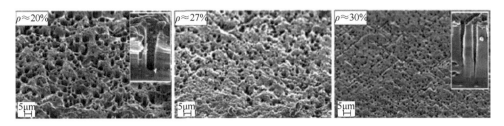

图 2.3　P 型单晶硅样品（晶向[100]）在不同 ρ 值下 HF/H$_2$O$_2$ 刻蚀后的 SEM 图像（将 Chartier 的符号进行转换得到 $\rho \approx 7\%$、9%、14%、20%、27%、30%）

孔隙的大小随着 ρ 值的增加而减小[28]

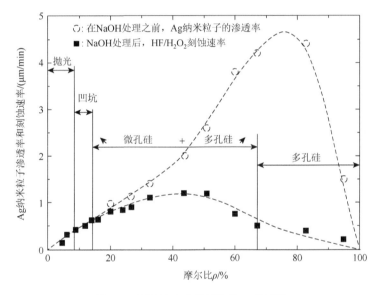

图 2.4　刻蚀速率作为摩尔比 ρ 的函数

$\rho = [\mathrm{HF}]/([\mathrm{HF}] + [\mathrm{H_2O_2}])$；本图中多孔硅仅代表中孔硅和大孔硅[28]

2.1.5　晶体相关性

　　MacEtch 通常被认为是一种各向同性的刻蚀工艺；但是，存在优先遵循晶向 [100]刻蚀的 MacEtch 实验条件[49]。这种灵活性源于前面详述的三种不同刻蚀路径的晶体学依赖性。具体来说，硅的定向溶解路径 P1 和 P2 的刻蚀速率和临界电流密度 J_{PS} 略有不同（在硅的电化学中，J_{PS} 标志着从多孔硅状态到电抛光状态的转变）[56]。一旦形成 SiO$_2$ 层，路径 P3 则被认为是各向异性的。对于低于 J_{PS} 的低空穴注入电流密度，路径 P1 和 P2 占主导地位，MacEtch 有可能优先遵循晶向[100]刻蚀；然而，随着电流密度的增加，将形成一层 SiO$_2$，催化剂将不再优先遵循晶向[100]刻蚀，因为在 HF 中的 SiO_2 溶解是各向同性的[36]。

晶体结构的依赖性可以在原位改变，并已用于通过改变空穴注入电流来形成锯齿形纳米线和孔隙。例如，Chen 等改变刻蚀剂的温度，以形成"之"字形纳米线[49]，而 Huang 等使用 MaeEtch 改变外加电位[37]。

2.1.6　微孔硅

相对于体硅，微孔硅具有不同的材料特性，如果在 MacEtch 期间生成一层微孔硅，机械、电气和光学特性可能会发生局部变化。图 2.5 展示了使用 Pd/Au 催化剂在 $\rho = 90.0^{0.04}$ 刻蚀剂中产生的微孔刻蚀前端的特殊示例。由于该多孔区域的二次散射电子数量增加，微孔层呈现浅灰色。

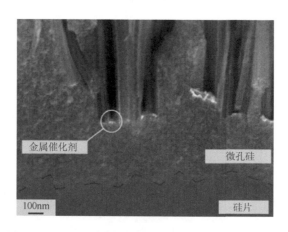

图 2.5　MacEtch 过程中产生的微孔硅的 SEM 显微照片

使用 Pd/Au 催化剂刻蚀样品 60min，形成 $\rho = 90.0^{0.04}$ 刻蚀剂

通常，微孔硅是在产生空穴注入电流的条件下观察到的，该电流大小超过 HF 到催化剂/硅界面的局部质量传输产生的电流大小。这些情况经常出现在低 ρ 值刻蚀剂中，其中 H_2O_2 浓度超过 HF 浓度，或者使用对 H_2O_2 还原具有极高催化活性的金属，例如 Pt 或 Pd。在这些条件下，多余的空穴从催化剂/硅界面扩散出去，并沿着通道壁被消耗，在整个刻蚀区域形成微孔硅。空穴限制是形成微孔硅的另一种潜在机制。由晶体相关性和刻蚀速率微小变化引起的刻蚀速率的局部不均匀性在任何时候都存在，这就自然地导致在催化剂/硅界面处形成小微孔。随着这些孔的扩大，分隔孔的壁变薄，并且由于量子限制效应，局部带隙增加。图 2.6[57]示意性地说明了与体硅相比，壁区带隙能量增加[56-57]。对于 HF 溶液中硅的电化学刻蚀，壁区带隙能量的增加会导致孔根部相对于孔壁的优先

刻蚀，并产生微孔硅前沿。然而，在 MacEtch 中，空穴的来源位置与硅的电化学刻蚀有所不同。

　　具体来说，在硅的电化学刻蚀中，空穴源自远离 HF/Si 界面的贵金属，通常是晶圆的背面，并且空穴可以被建模为起源于体块。在 MacEtch 中，金属催化剂位于多孔硅层的顶部，并将空穴直接注入多孔硅的尖端。这种空穴注入的结构和几何形状差异尚未得到探索，需要对该主题进行理论分析，以充分解释 MacEtch 期间微孔硅的形成。

　　并非在所有加工条件下都会产生微孔硅，如果使用气相 MacEtch（VP-MacEtch）则可以完全避免产生微孔硅[52]。为了最大限度地减少传统液相 MacEtch 过程中微孔硅的产生，空穴注入速率与 HF 传输到 Si/HF 界面的速率保持平衡十分必要，这一般通过使用高 ρ 值和小范围改变刻蚀剂成分、刻蚀剂温度、衬底掺杂水平的参数来实现。

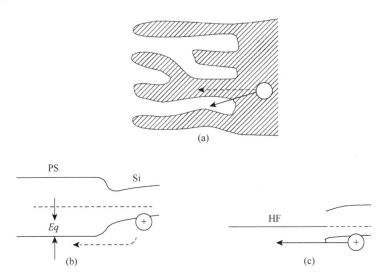

图 2.6　多孔硅和体硅之间的界面示意图（a）、电荷从体到多孔骨架（b），以及从体到孔尖端的电解质的相应能带图（c）

与向孔壁的过渡（虚线箭头）相比，实线箭头表示的孔尖端的空穴过渡在能量上是有利的；PS 表示多孔硅

2.2　基于金属辅助化学刻蚀的加工

　　直到最近，驱动催化剂运动的机制还没有得到很好的解释。可以排除重力的因素，因为它不能解释常见的水平、旋转或垂直刻蚀[14, 33]。此外，对于 MacEtch 中使用的常规催化剂，其自身厚度产生的重力只会产生一个约为 0.02Pa 的压差来驱动催化剂进入硅衬底上[17]。这比 Hildreth 等观察到的催化剂变形所需的最小压

差 0.4~0.6MPa 低了大约 7 个数量级[16-17]。Peng 等在 2008 年假设的一种电泳机制是催化剂运动的一个有吸引力的模型[33]。不幸的是，对该模型的分析检验未能支持这一假设，它打破了中等刻蚀速率（5~7nm/s）压差只有 270Pa 的标准电泳模型或 Hildreth 等在 2012 年提出的更激进且压差为 70kPa 的"快速"电泳模型[15]。Hildreth 等提出 DLVO[Derjaguin、Landau、Verwey 和 Overbeek，一种关于胶体（溶胶）稳定性的理论]模型所包含的范德瓦耳斯力和静电力可以驱动 MacEtch 中的催化剂运动[17]。这种新模型经过了原位力-位移的测量，表明 Au 催化剂在 Si 衬底和 SiO$_2$ 衬底之间的压差分别为 18MPa 和 11MPa。这些力是极其非线性的，并且仅在 4~10nm 的极短距离内起作用。这些力的短范围作用以及它们对催化剂/衬底间隙微小差异的高度敏感性可以解释 MacEtch 的某些 3D 特性。具体而言，由于刻蚀速率的局部变化，在刻蚀过程中自然产生的间隙距离的微小变化可能会在催化剂上产生明显不同的力，从而在特定方向（向上、侧向、旋转等）驱动催化剂。因此，即使是催化剂上刻蚀速率的微小变化也会改变刻蚀方向。2.2.3 节和 2.2.4 节详细介绍了如何利用 DLVO 包含的力设计以可扩展方式形成 3D 纳米结构的催化剂。

2.2.1　孔和纳米线

使用 MacEtch 可以很容易地在硅中加工孔和纳米线，并应用于光致发光硅[7]、超亲水硅[11]和光伏[4, 19, 21, 58]等领域。从最简单的结构开始，通过将离散的纳米粒子催化剂沉积到硅晶片上并将其浸入刻蚀剂中来加工孔，ρ 为 30^x 或 90^x，HF 的浓度 x 通常在 0.1~18mol/L 的范围内变化。催化剂可以通过多种方法沉积到硅衬底，包括金属离子的原位还原[27]、直流溅射涂层[8]、电子束蒸发[59]、热蒸发等。催化剂的形状和尺寸可以通过调整沉积过程中的工艺参数或直接通过胶体光刻[60]、压印或压印光刻[24]、FIB 沉积和研磨[18, 30]、电子束光刻（electron beam lithography，EBL）[14]等光刻方法来控制。与任何过程一样，更统一的结果需要额外的处理控制。例如，严格控制催化剂的尺寸可提高刻蚀深度的均匀性，同时控制催化剂的形状可加强对刻蚀轮廓和刻蚀路径的控制。

加工孔与纳米线之间的区别主要是催化剂形状的差异。如图 2.7 所示，间距较大的颗粒形成孔隙[图 2.7（a）~（c）]，而小间距颗粒或不连续的薄膜形成纳米线[图 2.7（d）~（f）][33]。原位还原和直流溅射涂层是极具吸引力的催化剂沉积方法，调整沉积时间，可以改变催化剂的尺寸和粗糙形貌，并且可以通过刻蚀不同催化剂厚度的样品，来观察从形成多孔硅到形成硅纳米线的转变。利用胶体光刻技术，可以很容易地加工出具有圆形截面和一定周期性的硅纳米线，并且使用这种工艺已经加工出直径小于 10nm 的硅纳米线[61]。

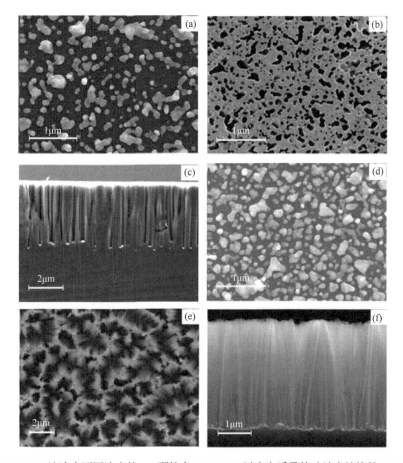

图 2.7　HF/H$_2$O$_2$ 溶液中不同浓度的 Ag 颗粒在 Si（100）衬底上诱导的硅纳米结构的 SEM 图像[33]

（a）超声处理 5min 后硅表面上 Ag 颗粒的 SEM 图像；（b）在 HF/H$_2$O$_2$ 溶液中刻蚀 5min 后 Ag 颗粒诱导的长孔硅纳米结构的俯视图；（c）在 HF/H$_2$O$_2$ 溶液中刻蚀 5min 后 Ag 颗粒诱导的大孔硅纳米结构的横截面图；（d）未经超声处理的 Si 表面上的 Ag 颗粒的 SEM 图像；（e）在 HF/H$_2$O$_2$ 溶液中刻蚀 5min 后 Ag 颗粒诱导的硅纳米线的俯视图；（f）在 HF/H$_2$O$_2$ 溶液中刻蚀 5min 后 Ag 颗粒诱导的硅纳米线的横截面图

2.2.2　槽

　　将圆形催化剂颗粒变为线状，可以将刻蚀结构从圆孔变为槽。这包括如图 2.8 所示的由狗骨形催化剂加工出的斜槽[14]，以及如图 2.9 所示的使用 Ag 纳米棒制成的摆线槽[14]。其他示例包括高深径比 X 射线波带板、硅盲孔[62]和 MEMS 器件[22]。这个过程几乎与前面描述的孔和纳米线相同；然而，将催化剂塑造成所需的轮廓需要更多的步骤。例如，文献[36]、[37]、[63]提到有学者在 MacEtch 期间将外部电偏压施加到晶圆上，以建立 MaeEtch 工艺。使用外部偏压使催化剂和结构周围的空穴分布更加均匀，并有助于控制刻蚀结构的垂直度。

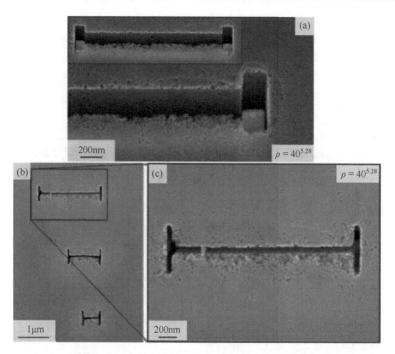

图 2.8　在 $\rho = 40^{5.28}$ 中使用狗骨形催化剂制造的斜槽的自上而下的 SEM 显微照片

（a）200nm 宽、1.5μm 长的催化剂；（b）3 个 50nm 宽的槽，长度从 500nm 到 2μm 不等；（c）50nm 宽的槽刻蚀的更高放大倍率图像，相对于垂直方向略微倾斜

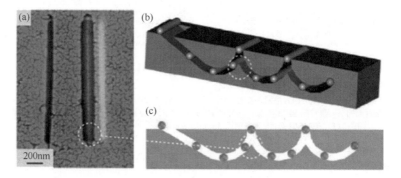

图 2.9　在 $\rho = 90$ 的刻蚀剂中使用紫外线臭氧去除聚乙烯吡咯烷酮（PVP）10min 后，用 Ag 纳米棒刻蚀 Si 制成的摆线槽

（a）俯视图 SEM 图像，Ag 纳米棒从左侧孔开始，刻蚀到硅中并重新浸入 300nm，然后再刻蚀回硅中，可以在最右侧的 Si 表面下方看到 Ag 纳米棒；（b）刻蚀路径的三维示意图；（c）刻蚀路径的二维剖面图示意图；图像上的白色虚线圆圈突出显示了（a）、（b）、（c）三幅图像顶面正下方的硅楔残余物

2.2.3　3D 加工

最早注意到 MacEtch 的 3D 加工功能可以追溯到 Tsujino 和 Matsumura，他们

使用 Pt 催化剂颗粒在硅中钻出螺旋孔[26]。2008 年，Chun 等利用 EBL 图案化催化剂，刻蚀出如图 2.10 所示的浅层结构[64]。虽然在该文献中没有注明，但图中的一些催化剂在刻蚀时似乎会旋转。2009 年，Hildreth 等在研究催化剂形状对刻蚀路径的作用时，注意到 Ag 纳米粒子刻蚀路径随机，而 Ag 纳米棒遵循图 2.9 所示的摆线状刻蚀路径[14]。这三篇文献为之后如何通过控制催化剂的形状来运用 MacEtch 进行三维结构加工奠定了基础。

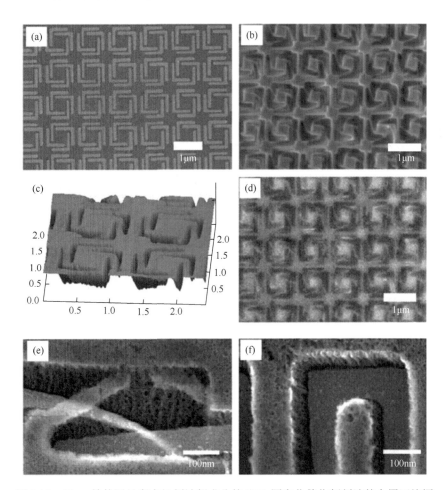

图 2.10　Chun 等使用具有未知刻蚀剂成分的 EBL 图案化催化剂制造的金属回旋镖

（a）沉积的 Ti/Pt 金属回旋镖轮廓图案的 SEM 图像；（b）为（a）中图案在 30s 刻蚀显影后的 SEM 图像（在高束流下拍摄）；（c）显示已开发图案的 3D 特性的横截面原子力显微镜图像（单位：μm）。（d）为（b）中图案的全色阴极发光图像[在与（b）中相同的束流下拍摄]；（e）高分辨率 SEM 揭示了金属下方的多孔结构；（f）线性沟槽图案的高分辨率 SEM 图像，显示垂直侧壁以及雕刻金属和多孔硅之间的明显边界

使用 MacEtch 进行 3D 加工基于三个基本原则：

①催化剂可以在刻蚀过程中穿过 3D 空间。

②催化剂被强大的、高度非线性的 DLVO 力吸引到硅表面。

③局部刻蚀速率随 $w^{-\frac{1}{3}}$ 变化，其中 w 是特征宽度，该宽度是 HF 刻蚀催化剂下方的硅必须扩散穿过的距离。

在设计加工 3D 结构的催化剂时，通常会利用②和③以影响①来设计催化剂。例如，为了加工具有手性可控的螺旋结构，Hildreth 等设计催化剂臂以确保某些区域比其他区域刻蚀得更快（③）[15]。这种刻蚀速率的局部差异，加上催化剂足够薄，在 DLVO 力下弯曲，使催化剂变形，且每个催化剂臂的一侧始终比另一侧更靠近硅衬底。DLVO 力高度非线性特性意味着催化剂臂的这个变形侧会受到非常大的力，而另一侧会受到较小的力（②），由此产生的扭矩使催化剂以可预测和可控的方式旋转。

催化剂的形状在决定刻蚀方向和产生的刻蚀结构方面起着巨大的作用。这一观点在 Hildreth 等[14]的研究中得到了很好的体现，他们研究了六种 EBL 图案化催化剂形状的刻蚀路径和自由度（degree of freedom，DOF）；这些数据汇总在表 2.1[15] 中。从三个最简单的形状——圆盘、圆线和棱柱线，很容易看出催化剂即使是微小的几何变化也会极大地影响刻蚀结构。圆盘状催化剂在 3D 空间的刻蚀路径是随机的，而棒状或线状催化剂遵循摆线状刻蚀路径。对横截面进行微小的改变，从导线到直线（矩形棱柱），就会使刻蚀路径从摆线变为倾斜通道，导致催化剂显著变形。添加小的稳定端盖到线上会形成狗骨形催化剂，显示出更高的刻蚀均匀性和更小的催化剂变形。值得注意的是，这项研究是使用特定的刻蚀剂来诱导非垂直刻蚀路径加工的，如果使用不同的刻蚀剂，上述任何形状都可能被迫遵循垂直/直线刻蚀路径。

表 2.1　催化剂形状对刻蚀路径的影响

催化剂形状	刻蚀路径	受影响程度	
		平移	旋转
圆盘	任意	3	3
棒/线	摆线	2	1
直线	倾斜	3	1
狗骨	倾斜	2	0
网格	螺旋	2	1
星形	螺旋	1	1

注：如果使用不同的刻蚀剂，任何形状都将沿直线方向垂直于基板表面移动。

虽然在 2009 年的研究中还不理解这些结果，但可以通过对驱动催化剂运动的机制的新理解来解释这些。在小圆盘催化剂的情况下，它们的小尺寸加上其径向对称性使得它们极易受到刻蚀速率中任何局部不均匀性的影响；沿着催化剂的任何一点刻蚀速率的微小差异，都会导致刻蚀方向发生很大的变化。对于银纳米棒，催化剂的长轴使其在轴向上保持稳定，并且催化剂对驱动其向上、向下和横向的径向不均匀性极为敏感，同时围绕垂直于衬底表面的 Z 轴旋转受到限制。事实上，这种摆线刻蚀的稳定性随着纳米线长度的增加而增加，因此短棒催化剂有时出现类似于圆盘催化剂的随机刻蚀路径，而具有高深径比（大约 10∶1 甚至更高）的纳米线催化剂只会出现摆线状刻蚀路径。具有矩形横截面的催化剂线，不沿着类似摆线状的刻蚀路径，而是会刻蚀斜槽或在表面刻蚀一定距离后横向刻蚀。这些催化剂的倾斜和横向运动，可以通过研究催化剂不同侧面的刻蚀速率来理解。由文献[17]可知，极小型催化剂的刻蚀速率与 $w^{-\frac{1}{3}}$ 成比例，其中 w 是催化剂的特征宽度，表征 HF 必须扩散的距离。宽度和厚度不相等的催化剂线，将在横向和垂直方向具有不同的刻蚀速率，从而形成倾斜的刻蚀路径，其中倾斜的角度可以通过改变催化剂宽度与厚度的比率来调整。

也可以通过增加催化剂的复杂性，来创建越来越复杂的刻蚀路径。例如，Rykaczewski 等通过设计部分具有以不同速率刻蚀并通过薄铰链耦合在一起的催化剂，加工出 3D 折叠结构，如图 2.11 所示。这些结构利用了这样一个事实，即不同的线宽度以不同的速率刻蚀，且驱动催化剂运动的力大到足以使铰链部分变形，从而以可预测的方式折叠它们[18]。

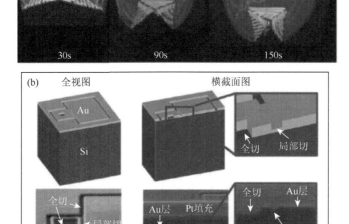

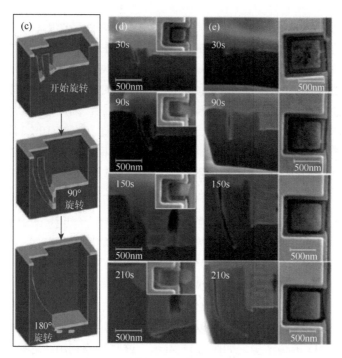

图 2.11　不同刻蚀速率的催化剂沿特定路径刻蚀出折叠结构[18]

（a）催化剂折叠成 3D 金字塔；（b）～（e）显示铰接催化剂刻蚀路径的全景和 SEM 横截面，较大的中心区域刻
蚀较慢，而铰接部分的催化剂宽度较小，可快速刻蚀

　　外部结构也可用于引导催化剂沿着特定的路径刻蚀。Hildreth 等使用聚合物线来制造催化剂，这些催化剂像桨叶一样旋转出硅平面，这种方法使他们能够加工垂直排列的薄膜结构阵列，并加工亚表面弯曲的纳米喇叭[16-17]。

　　虽然本节中强调的结构都没有形成螺旋结构，但这些催化剂所利用的原理可以在设计沿螺旋或螺旋形刻蚀路径行进的催化剂时使用。具体来说，具有可变刻蚀速率的区域可用于诱导螺旋路径，而催化剂变形可用于控制旋转方向和手性。

2.2.4　螺旋结构

　　虽然使用 MacEtch 很容易加工螺旋结构，但文献中提供的示例很少。2005 年，Tsujino 等证明了使用 Pt 催化剂且 $\rho = 96.6$ [使用质量分数为 50%的HF 和质量分数为 30%的 H_2O_2 的体积比为 10：1 的高浓度 HF 溶液]加工出螺旋孔[26]。但是，目前很难使用这种方法加工大型螺旋孔阵列。图 2.12[26]显示了在硅中"钻孔"的螺旋孔示例。Hildreth 等使用 EBL 图案化催化剂可重复地加工螺旋结构[14]。迄今为止，文献[14]是唯一报道使用 MacEtch 进行螺旋刻蚀的示例。在这方面缺乏探索很大程度上归因于这样一个事实，在撰写本书时，MacEtch 刚刚获得广泛的认可，并且大多数关于该主题的文献都集中在简单的催化剂形状上，例如，纳米颗粒和不连续的薄膜，这些都倾向于随机刻蚀路径或垂直方向。关于该主题的现有文献提供了足够的背景信息来设计始终刻蚀螺旋结构的催化剂。

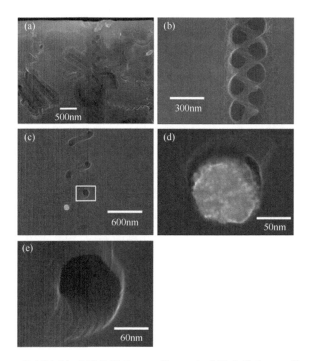

图 2.12　在 $\rho = 96.6$ 的刻蚀剂[质量分数为 50%的 HF 和质量分数为 30%的 H_2O_2 按体积比为 10∶1 混合（高浓度 HF 溶液）]中刻蚀 5min，在硅衬底上获得的孔的横截面 SEM 图像

（a）样品中观察到的孔的概览图像；（b）在样品中观察到的典型螺旋孔；（c）螺旋孔底部附近的图像；（d）在（c）所示的孔底部观察到的粒子的放大图像；（e）为（c）中用矩形标记的区域的放大图像。SEM 图像是在样品中距样品表面约 7μm（b）和 25μm（c）的深度处获得的，纳米孔结构与表面深度无关

　　如图 2.10 和图 2.13 所示，具有突出结构的催化剂形状通常会刻蚀螺旋结构。对于这些催化剂，与突起的侧壁相互作用的 DLVO 力会产生轴向扭矩，导致催化剂在垂直方向刻蚀时旋转，从而在过程中形成螺旋结构[14-15]。星形催化剂是该类催化剂结构的一个经过充分研究的例子，并且也是可用于加工螺旋结构的最简单的催化剂形状之一。使用完全填充的催化剂将在硅衬底中形成螺旋空隙，而在催化剂中包含小的异形孔将形成螺旋硅结构。例如，催化剂中的星形孔用于形成如图 2.13（a）中的同轴星形硅柱，而偏心矩形孔用于加工如图 2.13（b）中的 100nm 宽的螺旋柱[17]。

图 2.13　使用 MacEtch 制造的示例 3D 螺旋结构的 SEM 显微照片

（a）500nm 宽的同轴星形硅柱是使用中心有一个小的星形孔的星形 Au 催化剂制成的；（b）星形催化剂，其中催化剂中的 100nm 矩形孔用于制造 100nm 宽的螺旋柱

　　控制催化剂的旋转方向可能具有挑战性。当没有施加外力时，如果催化剂上产生 H$_2$ 气泡，催化剂将沿着完全由催化剂与衬底相互作用产生的局部 DLVO 力和毛细管力确定的刻蚀路径运动。对于对称催化剂，这些力将是对称的，直到局部扰动（例如不均匀刻蚀）改变驱动催化剂运动的 DLVO 力的净方向。由于这些扰动是随机的，对称催化剂在顺时针方向（clock wise，CW）与逆时针方向（counter clock wise，CCW）旋转的概率相等[14]，并且图 2.13（a）中所示的催化剂阵列显示了 CW 和 CCW 螺旋的均匀分布结构。Hildreth 等对星形催化剂进行了参数空间研究，以确定一组持续产生螺旋结构的几何参数[15]。本书考察了催化剂臂形状（对称、直锯齿和弯曲锯齿）、催化剂中心直径、臂长和催化剂厚度的影响。一般来说，与直锯齿臂相比，具有弯曲锯齿臂的星形催化剂更容易控制旋转方向。星形催化剂的弯曲锯齿臂和中心直径约为 3～4μm，在 90%～100% 的时间内沿所需的 CCW 旋转。对于这种特殊的几何形状和刻蚀剂成分，催化剂厚度在控制旋转方向方面起着巨大的作用。图 2.14 显示了具有相同几何形状但不同厚度的示例催化剂；每张显微照片右上角的注释列出了催化剂的厚度，以及逆时针旋转的催化剂数量与该厚度的催化剂总数之比[15]。对于该催化剂组，对旋转方向的控制随着厚度的增加而降低；详细观察 SEM 显微照片发现，变形模式从薄催化剂的四重对称弯曲变为厚催化剂的双重对称弯曲。对于薄催化剂，较大的 DLVO 力使催化剂变形为一种优先使锯齿形臂的后端保持与硅衬底接触的形状。因此，100% 的薄催化剂沿预期的逆时针方向旋转。相反，较厚的催化剂不会变形为优先迫使催化剂臂的一侧进入硅衬底的形状，并且这些较厚的催化剂对旋转方向的控制较差。

　　使用 MacEtch 加工螺旋结构还有许多其他未探索的方向，这包括使用其他几何形状的催化剂、使用抗刻蚀聚合物结构以在某些方向上获得强制刻蚀、添加外部磁场[65]、改变流体的流动和振动。非连续催化剂也可以使用。具体来说，Hildreth 等证明了使用聚合物线固定的催化剂的旋转角度可以在 0°～180° 的大角度范围内得到很好的控制[17]。结合几何形状略有不同的催化剂阵列，可用于加工由非连续金属催化剂组成的大型螺旋结构，并应用于光学和光子学。总的来说，我们鼓励读者对少数经过验证的结构进行创新，但需要提醒的是，使用 MacEtch 加工螺旋结构的方法几乎没有被探索过。

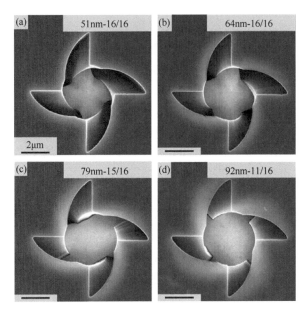

图 2.14　几何形状相同但厚度不同的催化剂刻蚀结果的差异

中心圆形直径 4μm，四个臂长 2.25μm，厚度分别为 51nm、64nm、79nm、92nm。（a）51nm 厚的催化剂以四重对称弯曲；（b）64nm 厚的催化剂以四重对称弯曲，但变形减少，变形区域的阴影量较低就证明了这一点；（c）79nm 厚的催化剂以双重对称弯曲，并开始显示出降低的旋转稳定性；（d）92nm 厚的催化剂以双重对称弯曲，并显示出更少的催化剂变形，侧臂变形的可见性证明了这一点。所有比例尺都设置为 2μm，如（a）中所示

2.3　实际加工中的注意事项

2.3.1　催化剂和工艺设计

与任何加工过程一样，必须了解和控制许多小的加工细节才能达到预期的结果。本节讨论 Lu 和 Wong 多年来总结的一些处理步骤[1]。值得注意的是，这些"技巧和问题"是通过反复试验得到的，基本机制可能尚未被研究过。因此，本节仅用作粗略指南，应根据需要对其有效性进行测试。

在 MacEtch 中，银（Ag）、金（Au）、铂（Pt）和钯（Pd）是最常用的贵金属。它们可以通过各种方法沉积在硅衬底上，包括热蒸发、直流溅射涂层、电子束蒸发、无电沉积、电极沉积、聚焦离子束辅助沉积，或通过其他方法旋涂颗粒。

如果将孤立的颗粒用于 MacEtch，则刻蚀结构的形态随贵金属的类型而变化。通常，如果使用孤立的银颗粒或金颗粒来辅助硅衬底的刻蚀，就会形成直孔；而铂颗粒的行为有些复杂。相同类型的贵金属颗粒又会由于不同的颗粒间距和颗粒的包覆方式而造成不同的刻蚀形态，并且在刻蚀的过程中，由于刻蚀剂对金属颗粒的腐蚀作用也会导致不同的刻蚀形态。一般情况下，金颗粒和铂颗粒在溶液中会更稳定，而银颗粒会在刻蚀过程中由不规则形状逐渐被腐蚀成球形。此外，相同金属颗粒之间存在与距离相关的相互作用，导致部分颗粒向同一方向运动。

刻蚀剂由氧化剂类型、成分浓度等决定。目前，各种氧化剂已经与 HF 混合以刻蚀载贵金属的硅衬底，包括 $AgNO_3$、$KAuCl_4$、$HAuCl_4$、K_2PtCl_6、H_2PtCl_6、$Fe(NO_3)_3$、$Ni(NO_3)_2$、$Mg(NO_3)_2$、$Na_2S_2O_8$、$KMnO_4$、$K_2Cr_2O_7$、氧气泡或溶于水的氧气。但高浓度的 K^+ 会与刻蚀硅生成的 SiF_6^{2-} 结合成沉淀物 K_2SiF_6，因此含有 K^+ 的氧化剂较为少用；此外，Na_2SiF_6 的溶解度是 K_2SiF_6 的 $1\sim2$ 倍，而且 $MSiF_6$（M = Fe、Ni、Mg）的溶解度相对更高。

2.3.2　刻蚀停止

在湿法和干法刻蚀技术中，当需要对刻蚀深度进行精细控制时，通常会使用刻蚀停止。不幸的是，当使用小的、离散的催化剂时，没有发现好的刻蚀停止。虽然许多聚合物可以有效地阻止 MacEtch 以控制刻蚀深度，但催化剂在遇到刻蚀停止时仍然可以横向刻蚀。这可能是不必要的横向运动，极大降低了孔底部附近的特征分辨率。

2.3.3　流体流动诱导运动和预刻蚀 HF 浸入

本书的中心主题是通过控制催化剂的形状来控制催化剂的刻蚀路径，然而，外力也会影响刻蚀路径。例如，磁场可以引导磁敏催化剂[65]，并且 Hildreth 的研究表明，快速流动的刻蚀剂可以将催化剂拖向流动方向。对于磁性导向的催化剂，产生的影响显然是需要的，并将被设计到工艺中。相比之下，刻蚀剂流动通常是不希望并且难以避免的。刻蚀剂流过催化剂的第一个也是最明显的情况是刻蚀剂第一次施加到衬底上，要么将基板浸入充满刻蚀剂的容器中，要么从移液管中分配刻蚀剂。如果使用移液管，我们建议将移液管保持在硅表面上方约 $1\sim3mm$ 处，以便移液管尖端位于合适区域的上方，并且在缓慢增加硅表面上的刻蚀剂量时刚好在刻蚀剂内。这确保了刻蚀剂不会"滴落"到硅表面并减少催化剂表面上方的刻蚀剂流动。不幸的是，刻蚀剂必须以相对较慢的速率流动，并且在刻蚀大芯片或晶片时，可能出现不均匀的刻蚀深度。

根据刻蚀反应式，在刻蚀过程中可能会产生 H_2，H_2 会在黏附到硅表面的区域自然形成气泡，并会影响反应物/产物接近/远离刻蚀位置的扩散。这些气泡会产生刻蚀不均匀的区域，会对设备性能产生负面影响。搅拌刻蚀剂，在 H_2 气泡仍然很小时将其去除是一种将气泡影响降至最低的方法。然而，该方法引入了另一个流体流动源，这使得控制复杂催化剂形状的刻蚀方向变得困难。除非绝对必要，否则在试图严格控制刻蚀路径时应避免搅拌。与搅拌刻蚀剂相比，添加低表面能溶剂（如甲醇）是一种极具吸引力的替代方法。

气相 MacEtch（VP-MacEtch）可解决流体流动和产生 H_2 气泡的问题[65]。在 VP-MacEtch 中，反应物 HF 和 H_2O_2 以气相而不是液相被引入衬底表面。只要衬底温度略高于刻蚀剂蒸气源的温度，那么整个反应就会发生在衬底表面的 1～2nm 厚的凝聚层内。该层足够薄，任何生成的 H_2、SiF_4 和 H_2O 产物都可以以气体形式轻松地从表面扩散出去，而不会产生任何气泡。总体而言，当需要刻蚀均匀性并且可以接受低刻蚀速率时，VP-MacEtch 是一种很有吸引力的工艺。

许多 MacEtch 催化剂沉积工艺需要足够长的时间才能在刻蚀样品之前形成一层薄薄的天然氧化物。如果使用者不小心，天然氧化物的存在会显著影响催化剂的刻蚀方向。具体来说，MacEtch 刻蚀剂中的 HF 会迅速剥离该氧化层，并且当表面从亲水性—OH 封端的天然氧化物转变为疏水性—H 或—F 封端的硅时，刻蚀剂会迅速流过衬底。这种流体流动会导致催化剂沿不需要的方向移动，从而难以控制催化剂的刻蚀路径。在刻蚀之前将稀释为 0.2mol/L 的 HF 溶液施加到衬底表面，可以在施加刻蚀剂之前先将表面从亲水性转变为疏水性。然后可以去除稀释的 HF 溶液，并且可以将 MacEtch 刻蚀剂直接应用于合适的区域，且表面流动很小。

测试去除天然氧化物是否有助于刻蚀或阻碍刻蚀是很重要的。例如，Hildreth 发现去除天然氧化物可以改善平面外旋转催化剂的均匀性[17]，但会降低螺旋星形催化剂的均匀性[15]。假设，虽然去除天然氧化物确实消除了亲水到疏水的转变，但它也改变了衬底/催化剂界面。具体来说，如果存在任何天然氧化物或黏附层，少量的天然氧化物或黏附层将在催化剂下方被去除，并且驱动催化剂运动的 DLVO 力的位置和方向发生变化。

2.3.4　黏附层厚度

当使用需要剥离步骤的光刻技术制造催化剂时，通常会添加黏附层。这些黏附层通常是 Ti 或 Cr，在 HF/H_2O_2 溶液中化学性质不稳定，并且在 MacEtch 过程中会溶解。这可能会以目前未知的方式影响驱动催化剂运动的 DLVO 力。具体来说，黏附层的去除速度与下面的硅衬底不同，并且会改变驱动催化剂运动的 DLVO

力的位置和方向。这一步的影响尚未明确，Hildreth 通常试图使用薄的黏附层（通常为 1～10nm）将其的影响最小化。

2.3.5 催化剂堆顶层

只有暴露于刻蚀剂的催化剂表面参与了 H_2O_2 的还原，可以利用此特征来设计催化剂堆顶层。例如，平面外旋转结构需要 Pt 催化剂以足够快的速度刻蚀以诱导旋转；然而，大多数电子束能在厚层 Pt 蒸发到其上时所施加的热负荷下抵抗裂纹。使用 Au 催化剂作为催化剂堆的主体，然后在顶部表面添加一层薄薄的 Pt 可以避免这个问题；在不降低催化剂保真度的情况下，催化剂堆顶层的 Pt 能在刻蚀过程中保持极高的刻蚀速率。同样的原理可以通过添加抑制 H_2O_2 还原的材料来减慢或延迟刻蚀。

2.3.6 催化剂清洁度

在刻蚀之前立即清洁催化剂非常重要。MacEtch 是由催化剂表面的 H_2O_2 催化还原驱动的，碳氢化合物污染会抑制或降低金属的催化活性。同样重要的是要记住，使用 SEM 对样品进行成像会在样品顶部形成一层 EBID 碳，必须在 MacEtch 之前将其去除。典型的方法包括使用食人鱼溶液[66]、O_2 等离子体刻蚀[14]或热分解[14]。

衬底的清洁度也极为重要，这是因为金属必须保持良好的电接触才能将空穴合适地注入到硅衬底中。Rykaczewski 等使用 SEM 证明了这一原理，从而形成一个薄的、有图案的 EBID 碳层，局部阻挡 MacEtch[67]。这种无掩膜和无电阻光刻工艺表明，空穴注入是 MacEtch 刻蚀工艺中的一个重要步骤，并且局部阻断该步骤会抑制 MacEtch。虽然没有得到证实，但可以使用许多其他方法来沉积阻止空穴注入的孔材料，包括低成本的压印或冲压技术。

2.4 小 结

本章介绍了 MacEtch 的历史及其主要化学成分，以及催化剂材料、刻蚀剂成分和晶体取向对刻蚀速率、特征分辨率和刻蚀方向的影响；阐述了在 MacEtch 中常见的微孔硅的形成，同时详细介绍了当前对催化剂运动力学的理解，以及使用 MacEtch 加工 1D、2D 和 3D 结构中值得注意但是经常被忽略的细节。

参 考 文 献

[1]　Lu D，Wong C P. Materials for advanced packaging[M]. Boston：Springer，2009.

[2]　Lehmann V. The electrochemistry of silicon: Instrumentation, science, materials and applications[M]. Weinheim: Wiley-VCH, 2002.

[3]　Huang Z P, Geyer N, Werner P, et al. Metal-assisted chemical etching of silicon: A review[J]. Advanced Materials, 2011, 23 (2): 285-308.

[4]　Li X L. Metal assisted chemical etching for high aspect ratio nanostructures: A review of characteristics and applications in photovoltaics[J]. Current Opinion in Solid State and Materials Science, 2012, 16 (2): 71-81.

[5]　Zhang X G. Electrochemistry of silicon and its oxide[M]. New York: Kluwer Academic Publishers, 2004.

[6]　Malinovska D D, Vassileva M S, Tzenov N, et al. Preparation of thin porous silicon layers by stain etching[J]. Thin Solid Films, 1997, 297: 9-12.

[7]　Schwartz B, Robbins H. Chemical etching of silicon IV: Etching technology[J]. Journal of the Electrochemical Society, 1976, 123 (12): 1903-1909.

[8]　Li X, Bohn P W. Metal-assisted chemical etching in HF/H_2O_2 produces porous silicon[J]. Applied Physics Letters, 2000, 77 (16): 2572-2574.

[9]　Peng K Q, Yan Y J, Gao S P, et al. Dendrite-assisted growth of silicon nanowires in electroless metal deposition[J]. Advanced Functional Materials, 2003, 13 (2): 127-132.

[10]　Kim K T, Cho S M. A simple method for formation of metal nanowires on flexible polymer film[J]. Materials Letters, 2006, 60 (3): 352-355.

[11]　Peng K Q, Fang H, Hu J J, et al. Metal-particle-induced, highly localized site-specific etching of Si and formation of single-crystalline Si nanowires in aqueous fluoride solution[J]. Chemistry: A European Journal, 2006, 12 (30): 7942-7947.

[12]　Xiu Y H, Zhang S, Yelundur V, et al. Superhydrophobic and low light reflectivity silicon surfaces fabricated by hierarchical etching[J]. Langmuir, 2008, 24 (18): 10421-10426.

[13]　Xiu Y H, Liu Y, Hess D W, et al. Mechanically robust superhydrophobicity on hierarchically structured Si surfaces[J]. Nanotechnology, 2010, 21: 155705.

[14]　Hildreth O J, Lin W, Wong C P. Effect of catalyst shape and etchant composition on etching direction in metal-assisted chemical etching of silicon to fabricate 3D nanostructures[J]. ACS Nano, 2009, 3 (12): 4033-4042.

[15]　Hildreth O J, Fedorov A G, Wong C P. 3D spirals with controlled chirality fabricated using metal-assisted chemical etching of silicon[J]. ACS Nano, 2012, 6 (11): 10004-10012.

[16]　Hildreth O J, Brown D, Wong C P. 3D out-of-plane rotational etching with pinned catalysts in metal-assisted chemical etching of silicon[J]. Advanced Functional Materials, 2011, 21 (16): 3119-3128.

[17]　Hildreth O J, Rykaczewski K, Fedorov A G, et al. A DLVO model for catalyst motion in metal-assisted chemical etching based upon controlled out-of-plane rotational etching and force-displacement measurements[J]. Nanoscale, 2013, 5 (3): 961-970.

[18]　Rykaczewski K, Hildreth O J, Wong C P, et al. Guided three-dimensional catalyst folding during metal-assisted chemical etching of silicon[J]. Nano Letters, 2011, 11 (6): 2369-2374.

[19]　Tsujino K, Matsumura M, Nishimoto Y. Texturization of multicrystalline silicon wafers for solar cells by chemical treatment using metallic catalyst[J]. Solar Energy Materials and Solar Cells, 2006, 90: 100-110.

[20]　Tsujino K, Matsumura M. Formation of a low reflective surface on crystalline silicon solar cells by chemical treatment using Ag electrodes as the catalyst[J]. Solar Energy Materials and Solar Cells, 2006, 90: 1527-1532.

[21]　Oh J H, Yuan H C, Branz H M. An 18.2%-efficient black-silicon solar cell achieved through control of carrier recombination in nanostructures[J]. Nature Nanotechnology, 2012, 7: 743-748.

[22] Zahedinejad M，Farimani S D，Khaje M，et al. Deep and vertical silicon bulk micromachining using metal assisted chemical etching[J]. Journal of Micromechanics and Microengineering，2013，23：055015.

[23] Chattopadhyay S，Li X L，Bohn P W. In-plane control of morphology and tunable photoluminescence in porous silicon produced by metal-assisted electroless chemical etching[J]. Journal of Applied Physics，2002，91（9）：6134-6140.

[24] Harada Y，Li X L，Bohn P W，et al. Catalytic amplification of the soft lithographic patterning of Si. Nonelectrochemical orthogonal fabrication of photoluminescent porous Si pixel arrays[J]. Journal of the American Chemical Society，2001，123（36）：8709-8717.

[25] Yae S，Kawamoto Y，Tanaka H，et al. Formation of porous silicon by metal particle enhanced chemical etching in HF solution and its application for efficient solar cells[J]. Electrochemistry Communications，2003，5（8）：632-636.

[26] Tsujino K，Matsumura M. Helical nanoholes bored in silicon by wet chemical etching using platinum nanoparticles as catalyst[J]. Electrochemical and Solid-State Letters，2005，8（12）：C193-C195.

[27] Tsujino K，Matsumura M. Boring deep cylindrical nanoholes in silicon using silver nanoparticles as a catalyst[J]. Advanced Materials，2005，17（8）：1045-1047.

[28] Chartier C，Bastide S，Lévy-Clément C. Metal-assisted chemical etching of silicon in $HF-H_2O_2$[J]. Electrochimica Acta，2008，53：5509-5516.

[29] Chaoui R，Mahmoudi B，Ahmed Y S. Porous silicon antireflection layer for solar cells using metal-assisted chemical etching[J]. Physica Status Solidi（a），2008，205（7）：1724-1728.

[30] Chattopadhyay S，Bohn P W. Direct-write patterning of microstructured porous silicon arrays by focused-ion-beam Pt deposition and metal-assisted electroless etching[J]. Journal of Applied Physics，2004，96（11）：6888-6894.

[31] Peng K Q，Wu Y，Fang H，et al. Uniform，axial-orientation alignment of one-dimensional single-crystal silicon nanostructure arrays[J]. Angewandte Chemie，2005，117（18）：2797-2802.

[32] Huang Z P，Fang H，Zhu J. Fabrication of silicon nanowire arrays with controlled diameter，length，and density[J]. Advanced Materials，2007，19（5）：744-748.

[33] Peng K Q，Lu A J，Zhang R Q，et al. Motility of metal nanoparticles in silicon and induced anisotropic silicon etching[J]. Advanced Functional Materials，2008，18（19）：3026-3035.

[34] Xiu Y H，Hess D W，Wong C P. Preparation of multi-functional silicon surface structures for solar cell applications[C]//2008 58th Electronic Components and Technology Conference，Lake Buena Vista，2008.

[35] Peng K Q，Wang X，Lee S T. Gas sensing properties of single crystalline porous silicon nanowires[J]. Applied Physics Letters，2009，95：243112.

[36] Huang Z P，Geyer N，Liu L F，et al. Metal-assisted electrochemical etching of silicon[J]. Nanotechnology，2010，21（46）：465301.

[37] Huang Z P，Shimizu T，Senz S，et al. Oxidation rate effect on the direction of metal-assisted chemical and electrochemical etching of silicon[J]. The Journal of Physical Chemistry C，2010，114（24）：10683-10690.

[38] Chen W Y，Huang J T，Cheng Y C，et al. Fabrication of nanostructured silicon by metal-assisted etching and its effects on matrix-free laser desorption/ionization mass spectrometry[J]. Analytica Chimica Acta，2011，687：97-104.

[39] Kim S H，Mohseni P K，Song Y，et al. Inverse metal-assisted chemical etching produces smooth high aspect ratio InP nanostructures[J]. Nano Letters，2015，15（1）：641-648.

[40] Li X L，Kim Y W，Bohn P W，et al. In-plane bandgap control in porous GaN through electroless wet chemical etching[J]. Applied Physics Letters，2002，80（6）：980-982.

[41] Rittenhouse T L, Bohn P W, Adesida I. Structural and spectroscopic characterization of porous silicon carbide formed by Pt-assisted electroless chemical etching[J]. Solid State Communications, 2003, 126 (5): 245-250.

[42] Rittenhouse T L, Bohn P W, Hossain T K, et al. Surface-state origin for the blueshifted emission in anodically etched porous silicon carbide[J]. Journal of Applied Physics, 2004, 95 (2): 490-496.

[43] Li X P, Um H D, Jung J Y, et al. Triangular GaAs microcones and sharp tips prepared by combining electroless and electrochemical etching[J]. Journal of the Electrochemical Society, 2010, 157 (1): D1-D4.

[44] Chourou M L, Fukami K, Sakka T, et al. Metal-assisted etching of p-type silicon under anodic polarization in HF solution with and without H_2O_2[J]. Electrochimica Acta, 2010, 55: 903-912.

[45] Sugita T, Lee C L, Ikeda S, et al. Formation of through-holes in Si wafers by using anodically polarized needle electrodes in HF solution[J]. ACS Applied Materials & Interfaces, 2011, 3: 2417-2424.

[46] Sugita T, Hiramatsu K, Ikeda S, et al. Pore formation in a p-type silicon wafer using a platinum needle electrode with application of square-wave potential pulses in HF solution[J]. ACS Applied Materials & Interfaces, 2013, 5: 1262-1268.

[47] Kolasinski K W. Silicon nanostructures from electroless electrochemical etching[J]. Current Opinion in Solid State and Materials Science, 2005, 9: 73-83.

[48] Xia X H, Ashruf C M A, French P J, et al. Galvanic cell formation in silicon/metal contacts: The effect on silicon surface morphology[J]. Chemistry of Materials, 2000, 12(6): 1671-1678.

[49] Chen H, Wang H, Zhang X H, et al. Wafer-scale synthesis of single-crystal zigzag silicon nanowire arrays with controlled turning angles[J]. Nano Letters, 2010, 10 (3): 864-868.

[50] Sato N, Sakaguchi K, Yamagata K, et al. Epitaxial growth on porous Si for a new bond and etchback silicon-on-insulator[J]. Journal of the Electrochemical Society, 1995, 142 (9): 3116-3122.

[51] Hildreth O J. Development of metal-assisted chemical etching of silicon as a 3D nanofabrication platform[D]. Atlanta: Georgia Institute of Technology, 2012.

[52] Geyer N, Fuhrmann B, Leipner H S, et al. Ag-mediated charge transport during metal-assisted chemical etching of silicon nanowires[J]. ACS Applied Materials & Interfaces, 2013, 5 (10): 4302-4308.

[53] Hildreth O J, Schmidt D R. Vapor phase metal-assisted chemical etching of silicon[J]. Advanced Functional Materials, 2014, 24 (24): 3827-3833.

[54] Rykaczewski K, Hildreth O J, Wong C P, et al. Directed 2D-to-3D pattern transfer method for controlled fabrication of topologically complex 3D features in silicon[J]. Advanced Materials, 2011, 23 (5): 659-663.

[55] Hildreth O J, Honrao C, Sundaram V, et al. Combining electroless filling with metal-assisted chemical etching to fabricate 3D metallic structures with nanoscale resolutions[J]. ECS Solid State Letters, 2013, 2 (5): P39-P41.

[56] Lehmann V. The physics of macropore formation in low doped n-type silicon[J]. Journal of the Electrochemical Society, 1993, 140 (10): 2836-2843.

[57] Lehmann V, Gösele U. Formation mechanism of microporous silicon: Predictions and experimental results[J]. MRS Online Proceedings Library, 1992, 283: 27-32.

[58] Clément C L. Applications of porous silicon to multicrystalline silicon solar cells: State of the art[J]. ECS Transactions, 2013, 50 (37): 167-180.

[59] Hidetaka A, Fusao A, Sachiko O. Effect of noble metal catalyst species on the morphology of macroporous silicon formed by metal-assisted chemical etching[J]. Electrochimica Acta, 2009, 54 (22): 5142-5148.

[60] Peng K Q, Zhang M L, Lu A J, et al. Ordered silicon nanowire arrays via nanosphere lithography and metal-induced etching[J]. Applied Physics Letters, 2007, 90: 163123.

[61]　Huang Z P, Zhang X X, Reiche M, et al. Extended arrays of vertically aligned sub-10 nm diameter [100] Si nanowires by metal-assisted chemical etching[J]. Nano Letters, 2008, 8 (9): 3046-3051.

[62]　Li L L, Liu Y, Zhao X Y, et al. Uniform vertical trench etching on silicon with high aspect ratio by metal-assisted chemical etching using nanoporous catalysts[J]. ACS Applied Materials & Interfaces, 2014, 6 (1): 575-584.

[63]　Chang C, Sakdinawat A. Ultra-high aspect ratio high-resolution nanofabrication for hard X-ray diffractive optics[J]. Nature Communications, 2014, 5: 1-7.

[64]　Chun I S, Chow E K, Li X L. Nanoscale three dimensional pattern formation in light emitting porous silicon[J]. Applied Physics Letters, 2008, 92 (19): 191113.

[65]　Oh Y, Choi C, Hong D, et al. Magnetically guided nano-micro shaping and slicing of silicon[J]. Nano Letters, 2012, 12: 2045-2050.

[66]　de Boor J, Geyer N, Wittemann J V, et al. Sub-100 nm silicon nanowires by laser interference lithography and metal-assisted etching[J]. Nanotechnology, 2010, 21: 095302.

[67]　Rykaczewski K, Hildreth O J, Kulkarni D, et al. Maskless and resist-free rapid prototyping of three-dimensional structures through electron beam induced deposition(EBID)of carbon in combination with metal-assisted chemical etching (MaCE) of silicon[J]. ACS Applied Materials & Interfaces, 2010, 2 (4): 969-973.

第三章 硅折点纳米线的可控刻蚀加工

3.1 折点纳米线加工研究背景

在后摩尔时代，电子制造工艺与装备的升级将是追赶摩尔定律和产业转型升级的重要支撑，迫切需要开展制造新方法方面的基础研究。国内外很多著名专家和学者均认为通过纳米线构建异形三维结构从而实现功能是一种极具前景的新一代电子信息器件的制造方式[1-7]，尤其是在可弯曲柔性电子[5]、新型集成电路器件[8]、微流控芯片和生物芯片[9-11]等方面。

折点纳米线由于其本身多维的异形结构，更加容易在折点位置掺杂 P/N 型杂质，从而构建构成电子信息基石的纳米线晶体管，如图 3.1 所示。美国科学院院士、纳米制造领域顶尖专家、哈佛大学的 Lieber 在 *Nature* 等杂志上发表多篇文章阐述这种新型的晶体管设计概念，并通过生长法成功地加工出了折点纳米线[5]。同时，Lieber 还认为，相比直形纳米线，折点纳米线可利用其折点位置也更加容易构建三维器件[12]，如图 3.2 所示。但是，Lieber 提出来的生长法需要昂贵的化学沉积设备，生产过程中需要高真空、高温、高纯气体等条件，使得加工折点纳米线十分困难[13]。

可以看出，折点纳米线将是新型晶体管和器件的重要基础单元，积极开展功能纳米线制造新方法与工艺的相关基础理论与应用研究，开发新的折点纳米线制造方法、工艺与装备，对支撑我国电子信息产业的下一个快速发展期具有极其重要的战略意义。

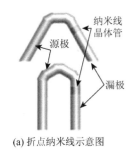

(a) 折点纳米线示意图

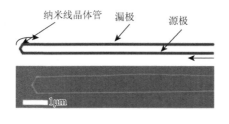

(b) U型折点纳米线

(c) W型折点纳米线

图 3.1　折点纳米线晶体管

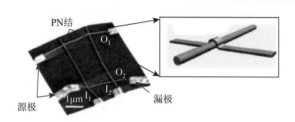

图 3.2　折点纳米线堆叠成的简单器件

本书提出了一种微流体驱动的交替型刻蚀加工方法，是一种可在块状材料内部加工复杂微结构的有效解决方案，可望加工出完全可控的折点纳米线。将金属催化粒子当作微纳尺度的加工刀具，通过利用刻蚀剂中不同组分间表面张力与黏度的差异所产生的梯度力，来控制纳米刀具的运动，从而在材料内部定向加工折点纳米线。根据所需的折点纳米线的弯折角，设计刻蚀剂的成分和比例（A、B 和 C），来改变刻蚀剂的黏度与表面张力，从而控制刻蚀方向以形成所需弯折角的折点（α 和 β）；并通过控制不同刻蚀剂的交替次数，来控制折点的数量；通过控制每次的刻蚀时间（X_1、X_2、X_3、Y_1 和 Y_2），来控制每两折点间纳米线的长度（L_1、L_2 和 L_3）；最终形成折点的位置、数量和弯折角完全可控的折点纳米线。

但是，目前只能根据经验对受限空间内微流体的流动特性和刻蚀加工反应的动态特性进行初步定性分析，缺乏完善的理论系统，在微纳空间内不同组分间的相互扩散、受限空间内纳米刀具的定向精准操控、块体材料内部定向精确去除等方面有以下理论问题急需解决：

①具有宏微多尺度叠加特征的多组分微流体质量传递模型如何建立，添加何种微流体更加有利于外场力的生成，并实现对纳米刀具运动的精确控制？

②折点纳米线组成的复杂微/纳米结构的几何参数和特征如何表征和建模，纳米粒子刀具在其内部的运动模型如何建立，外场力如何精准地施加到微/纳米结构内的纳米粒子刀具上并控制其运动？

③微流体驱动的交替型刻蚀加工方法如何高效地在块状材料内部加工出所需的微结构，最优工艺参数匹配模型该如何建立？

目前制备半导体纳米线的方法主要可分为自下而上方法和自上而下方法两种。

自下而上方法主要包括激光烧蚀法、CVD、PVD 等[14-16]。这些方法中激光烧蚀法和 PVD 难以制备出有序排列的硅纳米线，更难制备出完全可控的折点纳米线。CVD 能够生长出整齐有序、高长径比的纳米线，但是如何生长出折点纳米线一直都是正在寻求突破的难题。CVD 通常需要高真空和高温条件，一套设备价格超千万元，导致成本急剧增加，一般实验室无法负担。但更重要的是，由于 CVD 生长机制的影响，很难控制折点的角度，只能沿着某些特定的晶向生长，很难得到生长角度等完全可控的纳米线。

　　自上而下方法包括传统的机械加工方法[17]、光刻法[18]、等离子体深反应刻蚀法和金属辅助化学刻蚀方法等[19-28]。但是，对于传统的机械加工，由于加工刀具的限制，很难加工出高长径比的纳米线，更加无法加工出折点纳米线。光刻法和等离子体深反应刻蚀法可以获得极小尺寸的特征，但是其加工原理决定了其无法获得带有折点、高深宽比的折点纳米线。

　　金属辅助化学刻蚀方法是最近发展起来的一种在硅和Ⅲ-Ⅴ族半导体材料上刻蚀加工出高深宽比微结构的新方法。通过采用贵金属如金、银、铂等作为催化剂，定向刻蚀加工去除材料，可获得高深宽比的微结构[29-30]。很多研究表明，由于晶向[100]是金属辅助化学刻蚀偏好的方向，通过采用除晶向[100]以外的晶向的晶圆（如 Si(110)或 Si(111)）作为加工对象，能够加工出非直形纳米线[31]。因此，文献[32]也提出在特殊晶向硅片上制备硅纳米线的方法，但只能形成固定周期长度的折点，称之为锯齿形纳米线，折点的位置、数量和弯折角等完全不可控。也有其他学者提出采用两步法来制备锯齿形纳米线[33]，在这种方法中，首先采用高浓度比（[H$_2$O$_2$]/[HF]）的刻蚀剂在直形纳米线上形成一层 SiO$_2$，然后采用低浓度比（[H$_2$O$_2$]/[HF]）的刻蚀剂去除这层 SiO$_2$ 形成锯齿形纳米线。同样地，通过改变刻蚀剂中 H$_2$O$_2$ 的比例，在 Si(111)和 Si(110)晶圆基板上形成弯折角固定为 115°或 90°的锯齿形纳米线，其原因是对于 Si(111)和 Si(110)晶圆，其刻蚀加工方向仍然为<100>方向，故其弯折角为 115°或 90°[34]。通过改变温度，增加刻蚀的激活能，可以在 Si(111)晶圆上加工出弯折角固定为 90°、125°或者 150°的锯齿形纳米线[35]。文献[36]提出通过改变刻蚀剂中 HF 和 AgNO$_3$ 的比例，来制备折点纳米线，由于此方法中有效成分 HF 和 AgNO$_3$ 固定不变，仅仅比例发生变化，因此，其刻蚀方向只能沿硅片上固定的晶向[100]和晶向[111]刻蚀，无法完全控制折点的弯折角。除此以外，通过往刻蚀加工液中添加甲醇、乙醇或者乙二醇等添加剂，可以改变刻蚀方法，加工出弯纳米线[37]，但是使用此法制备的纳米线并没有明显的折点。总之，这类方法只能加工出固定弯折角、固定周期长度的锯齿形纳米线，无法加工出弯折角、周期长度和折点数量完全可控的折点纳米线。

　　折点纳米线能够广泛应用于微流控芯片、微反应器等器件。现有加工方法对于加工折点纳米线等微结构仍存在较大的难度，但是，它们在材料去除机理方面取得的突破，对于开发新的折点纳米线加工方法与工艺，具有重要的指导意义和借鉴作用。在此基础上，本书提出微流体驱动的交替型刻蚀加工方法，可解决折点纳米线加工这一难题，但仍亟须开展相关基础研究，提高技术成熟度，助力先进加工方法的发展。

　　总之，折点纳米线的制造涉及多个物理场耦合，过程十分复杂，非线性强，建立科学合理的模型来揭示加工过程中外场驱动力的产生与传递机制，发展新的方法制造出完全可控的折点纳米线存在较大的挑战。现有的研究能够为该方法的成功实施提供指导与借鉴作用。该方法的成功实施将为获得复杂微结构加工新方法奠定扎实的基础，具有重要的理论意义和工程应用价值。

3.2　折点纳米线的金属刻蚀过程建模研究

刻蚀过程是一个多步骤的反应：首先，通过还原 H_2O_2[式（3.1）]或在阴极上形成空穴（h^+）[式（3.2）]；然后表面的硅被空穴氧化[当 H_2O_2 不足时，仅形成 SiF_4，如式（3.3）所示；当 H_2O_2 足够时，形成 SiO_2，如式（3.4）所示]；之后，SiF_4 和 SiO_2 被 HF 快速溶解[式（3.5）和式（3.6）]。总反应可写为式（3.7）和式（3.8）。[38]

阴极上的空穴形成：

$$H_2O_2 + 2H^+ \longrightarrow 2H_2O + 2h^+ \tag{3.1}$$

$$2H^+ \longrightarrow H_2 + 2h^+ \tag{3.2}$$

阳极硅被氧化：

$$Si + 4HF + 4h^+ \longrightarrow SiF_4 + 4H^+ \tag{3.3}$$

$$Si + 2H_2O + 4h^+ \longrightarrow SiO_2 + 4H^+ \tag{3.4}$$

用 HF 溶解阳极中的 SiF_4 和 SiO_2：

$$SiF_4 + 2HF \longrightarrow H_2SiF_6 \tag{3.5}$$

$$SiO_2 + 6HF \longrightarrow H_2SiF_6 + 2H_2O \tag{3.6}$$

总反应：

$$Si + H_2O_2 + 6HF \longrightarrow H_2SiF_6 + 2H_2O + H_2 \tag{3.7}$$

$$Si + 2H_2O_2 + 6HF \longrightarrow H_2SiF_6 + 4H_2O \tag{3.8}$$

通常，MacEtch 方法在 HF 和 H_2O_2 的混合物中进行，硅刻蚀是一种扩散和动力学共同控制的混合反应。HF 和 H_2O_2 在水中的扩散速率约为 $1.5 \times 10^{-9} \sim 1.7 \times 10^{-9} \, m^2/s$。但是，通过在刻蚀剂中添加甘油，可以明显减少 H_2O_2 和 HF 在刻蚀剂中的扩散，并且最大减少量可以大于 30 000 倍。另外，由于在刻蚀过程中没有搅拌，因此，刻蚀剂通过扩散而不是对流来补充，因此反应从混合控制转变为扩散控制。

这种扩散控制的刻蚀过程可以通过耦合偏微分方程描述如下[38]：

$$\frac{\partial u_1}{\partial t} = D_1 \frac{\partial^2 u_1}{\partial z^2} + f_1(u_1, u_2) \tag{3.9}$$

$$\frac{\partial u_2}{\partial t} = D_2 \frac{\partial^2 u_2}{\partial z^2} + f_2(u_1, u_2) \tag{3.10}$$

其中，t 和 z 分别是刻蚀时间和扩散距离；u_1 和 u_2 分别是 H_2O_2 和 HF 的浓度；D_1 和 D_2 分别是 H_2O_2 和 HF 的扩散速率；$f_1(u_1, u_2)$ 和 $f_2(u_1, u_2)$ 分别是 H_2O_2 和 HF 的反应式。

反应式的具体形式为一阶[38]：

$$f_1(u_1, u_2) = -k_1 u_1 u_2 - 2k_2 u_1 u_2 \tag{3.11}$$

$$f_2(u_1, u_2) = -6k_1u_1u_2 - 6k_2u_1u_2 \tag{3.12}$$

其中，k_1 和 k_2 分别是式（3.11）和式（3.12）的反应速率。特别是当 H_2O_2 不足时（假设 H_2O_2 与 HF 的浓度比小于 0.1，并且 H_2O_2 绝对浓度大于其原始浓度的 0.1 倍），仅发生式（3.11），因此，k_2 等于 0。

用 Matlab 将表 3.1 中列出的每个参数的值代入耦合偏微分方程进行数值求解。由于刻蚀速率与 H_2O_2 或 HF 的反应速率直接相关，因此采用 H_2O_2 的反应速率表示刻蚀速率。在 $D_1 = 1.7 \times 10^{-9} \mathrm{m^2/s}$ 和 $D_2 = 1.68 \times 10^{-9} \mathrm{m^2/s}$ 的模拟结果中，可以看出，当扩散速率相对较大时，刻蚀剂补给非常快，因此 H_2O_2 和 HF 的浓度几乎是恒定的，H_2O_2 的反应速率几乎没有变化[图 3.3（a）]；但是，当扩散速率为原来的 1/100 时（$D_1 = 1.7 \times 10^{-11} \mathrm{m^2/s}$ 和 $D_2 = 1.68 \times 10^{-11} \mathrm{m^2/s}$），刻蚀剂无法及时补充，因此 H_2O_2 的反应速率略有变化[图 3.3（b）]。当扩散速率为原来的 1/1000 时（$D_1 = 1.7 \times 10^{-12} \mathrm{m^2/s}$ 和 $D_2 = 1.68 \times 10^{-12} \mathrm{m^2/s}$），$H_2O_2$ 的反应速率出现了明显的振荡[图 3.3（c）]，当扩散速率为原来的 1/10000 时（$D_1 = 1.7 \times 10^{-13} \mathrm{m^2/s}$ 和 $D_2 = 1.68 \times 10^{-13} \mathrm{m^2/s}$）时观察到了更大的振荡[图 3.3（d）]。消耗与扩散之间的振荡会导致刻蚀速率和方向振荡，并且还可能会在两个竞争的反应路径之间发生振荡[取决于刻蚀剂的浓度，式（3.11）和式（3.12）同时反应或式（3.11）单一反应]，并且还可以看到，振荡周期随时间逐渐增加，因此可以解释为什么锯齿形纳米线的臂长沿线长增加。[38]

表 3.1　仿真参数

参数	数值
刻蚀时间 t	600s
初始扩散长度 z	1×10^{-3} mm
H_2O_2 的初始浓度	0.6mol/ml
H_2O_2 的边界浓度	0.6mol/ml
HF 的初始浓度	9.1mol/ml
HF 的边界浓度	9.1mol/ml
H_2O_2 在水中的扩散速率 D_1	$1.7 \times 10^{-9} \mathrm{m^2/s}$
HF 在水中的扩散速率 D_2	$1.68 \times 10^{-9} \mathrm{m^2/s}$
反应速率 k_1	$9.35 \times 10^{-4} \mathrm{s^{-1}}$
反应速率 k_2	$4.6 \times 10^{-3} \mathrm{s^{-1}}$

通过在搅拌（60r/min）和不搅拌的条件下，在添加了 5ml 甘油的刻蚀剂中交替刻蚀样品，加工出了在线形段（1.365μm±0.45μm）和锯齿形（0.675μm±0.065μm）段之间交替的纳米线[图 3.3（e）]。每次搅拌和非搅拌刻蚀的相应刻蚀时间分别为 2min 和 3min。其他参数未更改。由于在曲折段发展之前总是形成一

个小的线性段，因此第一段和第二段的长度大于第三段的长度。仿真结果都与所有这些一致，从而证明了提出机制的正确性。

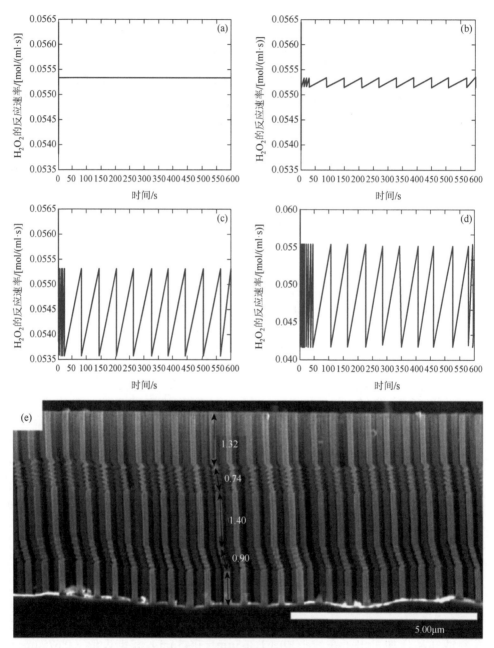

图 3.3 　（a）～（d）不同扩散速率下 H_2O_2 反应速率与时间的关系；（e）在搅拌（60r/min）和不搅拌条件下交替刻蚀加工出的纳米线

　　因此，当首次将硅样品浸入刻蚀剂中时，由于 H_2O_2 和 HF 都足够，刻蚀剂的消耗速率几乎没有变化[由图 3.3（a）中的扩散速率较大情况证明]，沿着[100]方向刻蚀，形成直形纳米线，其原因是在该方向上必须破坏的 Si 背键数量最少[图 3.4（a）和图 3.4（b）]。

　　但是，刻蚀一定时间后（通常在纳米线的长度大于 1μm 时），刻蚀剂消耗更多，必须通过扩散缓慢补充。然而，补给率远小于消耗率，因此，反应位置的刻蚀剂浓度发生变化，反应是由动力学和扩散混合控制，刻蚀方向从[100]转变为[120][图 3.4（c）]。之后，当刻蚀剂被进一步消耗并且扩散通道长度也增加时，扩散流量的进入变得更加困难，因此，反应转化为受扩散控制。在刻蚀剂消耗与扩散补充之间形成了动态振荡，因此刻蚀速率也随之振荡，并形成周期性的锯齿形纳米线[刻蚀方向先从[120]变为[110]，再从[$\bar{1}$10]变为[110]，图 3.4（d）、图 3.4（e）和图 3.4（f）]。[38]

　　随着锯齿形纳米线的长度增加（通常大于2μm），扩散通道的长度也随之增加，并且扩散通道的几何形状变得非常复杂，补给率进一步降低[图 3.3（c）或图 3.3（d）

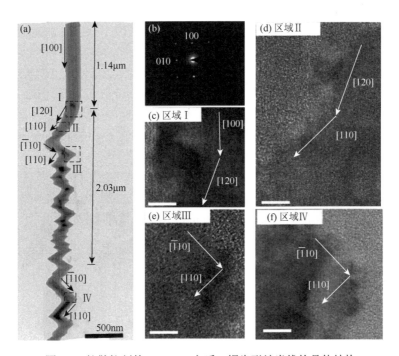

图 3.4　扩散控制的 MacEtch 之后，锯齿形纳米线的晶体结构

（a）锯齿形纳米线的明场 TEM 图像，每个纳米线中有多个臂长不同的折点，分别标记为区域Ⅰ、区域Ⅱ、区域Ⅲ和区域Ⅳ；（b）选择区域电子衍射图案记录在区域Ⅰ，沿着[100]方向轴记录选择区域电子衍射图案；（c）区域Ⅰ、（d）区域Ⅱ、（e）区域Ⅲ和（f）区域Ⅳ的晶格分辨 TEM 图像；箭头表示刻蚀方向，（c）～（f）的比例尺为5nm

中很小的扩散情况表明了这一点],因此,补给时间变长,这意味着沿一个方向刻蚀的时间变长。因此,加工出具有较长臂长的锯齿形纳米线,刻蚀方向也发生了变化[图3.4(a)区域Ⅳ和图3.4(f)]。[38]

　　上述实验证明,通过添加剂改变流场力,可以精确控制纳米粒子的运动,使得刻蚀方向发生变化,从而形成不同形貌的纳米结构。

3.3　硅折点纳米线加工方法

　　实验中使用的硅晶片是购自马萨诸塞大学的 P 型单晶硅晶片(晶向[100]、P 型掺杂、电阻率:1~10Ω·cm)。PS 微球购自美国 Polysciences 公司。将 PS 微球(直径500nm)溶解在水中获得质量分数为 2.5%的 PS 微球水溶液。所有其他化学品均购自 VWR International LLC,无须进一步处理即可使用。首先用食人鱼溶液[H_2SO_4(质量分数为 96%)和 H_2O_2(质量分数为 30%)体积比为 1∶1]在 120℃下清洗硅晶片 10min,以去除所有的氧化物。随后在去离子水中漂洗并在流动的氮气中干燥。将收到的 PS 微球溶液直接滴到 Si 晶片上,无须进一步处理,并在 25℃的空气中干燥。所得表面覆盖有紧密排列的 PS 微球图案。PS 覆盖的晶圆在 Vision RIE 系统(高真空)中处理 2min(O_2 和 Ar 用作刻蚀气体,流速分别为 5sccm[①]和 45sccm,腔室压力为 100mTorr[②],功率为 200W)。然后,在 $30×10^{-6}$Torr 的真空中使用电子束蒸发器(设备型号为 explorer,购自 Denton 公司)以 0.5Å/s 的速率沉积 3nm 厚的 Ti 和 30nm 厚的 Au 作为 MacEtch 催化剂。在实验过程中,硅片被切成约 1cm×1cm 的方形样品。用于刻蚀的试剂是 HF 溶液和 H_2O_2,质量分数分别为 49%和 30%。将 Si 样品浸入含有 HF、H_2O_2、去离子水(18MΩ·cm)和额外溶剂(乙醇或甘油)的化学刻蚀浴中。水、HF、H_2O_2 和助溶剂的比例因刻蚀条件不同而不同。刻蚀后,记录 SEM 数据(使用 Zeiss LEO 1550 和 Hitachi SU8010 采集)和透射电子显微镜(transmission electron microscope,TEM)数据(使用 Tecnai G2 F30 采集)以研究刻蚀形态。[38-39]

3.4　半导体折点纳米线加工控制

3.4.1　折点数量控制

　　要在纳米线中形成折点,通常应使用两种以上的刻蚀剂。在该系列实验中,

---

① 1sccm = 1ml/min。
② 1mTorr = 1.33222×10^{-1}Pa。

使用了三种刻蚀剂。刻蚀剂 A 由 20ml 去离子水、2ml H_2O_2 和 10ml HF 组成，刻蚀剂 B 由 15ml 去离子水、5ml 甘油，2ml H_2O_2 和 10ml HF 组成，刻蚀剂 C 由 10ml 去离子水、10ml 乙醇、2ml H_2O_2 和 10ml HF 组成。甘油的黏度（945.0mPa·s）约为其他组分（大约 1mPa·s）的 1000 倍，而乙醇的表面张力（22.39mN/m）约为去离子水（72mN/m）的 1/3。这些不同的物理性质极大地影响了 HF 和 H_2O_2 从本体溶液向反应界面的扩散，因此导致刻蚀方向的改变。

当刻蚀剂的顺序为 A—B 且对应的刻蚀时间（单位：min）为 2—2 时，每根纳米线上仅形成一个折点，对应于刻蚀剂的一次变化。在本实验中，仅拐点和不可导点被认为是折点。从数学上讲，拐点是曲线上切线存在且曲率方向改变的点。不可导点是曲率无穷大但方向不改变的点。由于平滑曲线部分的曲率方向并没有改变，因此只要可导就认为不存在折点。

按照相同的加工程序，当刻蚀剂顺序为 A—B—A，对应的刻蚀时间为 1—3—1 时，即刻蚀剂变化两次时，每条纳米线上会形成两个折点。为了形成更多的折点，刻蚀剂顺序调整为 A—B—A—C—A，对应的刻蚀时间为 2—3—2—3—2。随着刻蚀剂变化四次，在每条纳米线上形成了四个折点。也可以通过仅在两种刻蚀剂之间交替来形成四个折点，其中刻蚀剂按顺序 A—B—A—B—A 更换了四次，其对应的刻蚀时间为 2—4—2—4—2。[39]

根据以上结果，可以得出结论：折点的数量等于刻蚀剂改变的次数。因此，在纳米线中产生折点仅需要找到至少两种不同类型的添加剂，这些添加剂的表面张力或黏度不同，可以显著影响刻蚀方向。

3.4.2　长度控制

为了形成具有不同段长度的折点纳米线，刻蚀剂顺序为 A—B—A，并仅仅变化第一段的刻蚀时间，如表 3.2 所示。刻蚀后硅晶片的横截面 SEM 图像如图 3.5（a）～图 3.5（d）所示。在情况（b）和情况（c）中，第一个折点没有很好地加工出来。因此，测量了前两个段的总刻蚀深度。对于情况（a）～情况（d），这两个段的总刻

表 3.2　四种情况所需的刻蚀时间

情况	刻蚀时间/min		
	A	B	A
（a）	1	3	1
（b）	2	3	1
（c）	3	3	1
（d）	4	3	1

蚀时间分别为 4min、5min、6min 和 7min。在每种情况下都测量了多根纳米线，并用平均值来表示所刻蚀的长度。如图 3.5 所示，情况（a）~情况（d）的平均测量长度分别为 1.97μm、2.64μm、3.53μm 和 4.42μm，说明长度随刻蚀时间线性增加。因此，可以通过调节刻蚀时间来控制每个段的长度。这些结果表明，通过改变刻蚀持续时间，可在任何期望的位置形成折点。[38-39]

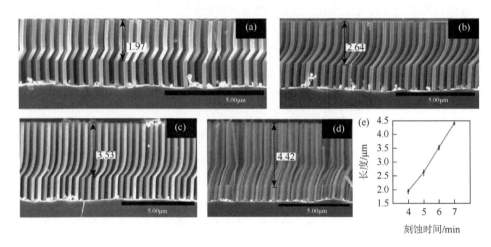

图 3.5　折点纳米线的长度控制

（a）情况（a）刻蚀后硅晶片的横截面 SEM 图像；（b）情况（b）刻蚀后硅晶片的横截面 SEM 图像；（c）情况（c）刻蚀后硅晶片的横截面 SEM 图像；（d）情况（d）刻蚀后硅晶片的横截面 SEM 图像；（e）刻蚀时间和长度之间的线性关系

3.4.3　角度控制

为了形成具有不同弯折角的折点纳米线，使用了具有不同甘油体积的刻蚀剂。刻蚀剂顺序为 A—Bx—A，其中 Bx 中的 x 代表指定为（a）、（b）和（c）的情况，对应的刻蚀时间（单位：min）是 1、4、1。每种刻蚀剂的体积列于表 3.3。刻蚀后硅晶片的横截面 SEM 图像如图 3.6（a）~图 3.6（c）所示。对于每种情况，选择多条纳米线进行测量，并使用平均值代表弯折角。如图 3.6 所示，情况（a）~情况（c）的平均弯折角分别为 177°、163° 和 132°，说明弯折角随甘油的体积增加而线性减小。这意味着可以通过调节刻蚀剂中甘油的体积来控制弯折角。[38-39]

表 3.3　刻蚀剂体积　　　　　　　　　　　　（单位：ml）

刻蚀剂	HF 体积	H$_2$O$_2$ 体积	去离子水体积	甘油体积
A	10	2	20	0
B(a)	10	2	17.5	2.5

续表

刻蚀剂	HF 体积	H$_2$O$_2$ 体积	去离子水体积	甘油体积
B(b)	10	2	15	5
B(c)	10	2	10	10

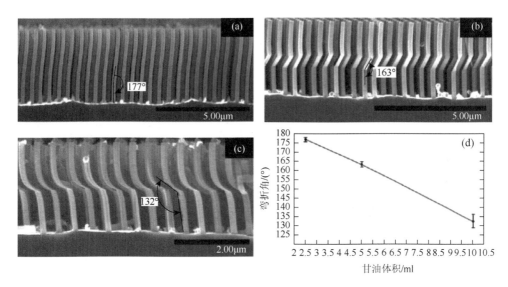

图 3.6 折点纳米线的角度控制

（a）情况（a）刻蚀后硅晶片的横截面 SEM 图像；（b）情况（b）刻蚀后硅晶片的横截面 SEM 图像；（c）情况（c）刻蚀后硅晶片的横截面 SEM 图像；（d）甘油体积和弯折角之间的线性关系

3.5 硅折点纳米线加工工艺优化

3.5.1 样品几何位置对硅折点纳米线形貌的影响

将样品（N 型 Si，晶向[100]）浸入三小时前配备的刻蚀剂中进行刻蚀[图 3.7（a）]。刻蚀剂由 10ml HF、2ml H$_2$O$_2$、5ml 甘油和 15ml 去离子水组成。并且在刻蚀过程中，不进行任何搅拌，否则，仅加工出弯曲的纳米线。对于每个硅样品，根据流体动力学理论[图 3.7（a）]，刻蚀剂的扩散通量在横向上是不同的。样品边缘附近的扩散通量最快，也就意味着补充速度大于反应速度，因此[HF]与[H$_2$O$_2$]的比率大致恒定。在这种条件下，仅形成了直形纳米线或略微弯曲的纳米线（2.24μm，标准偏差 $\sigma = 0.096\,7$μm）[图 3.7（b）]。随着扩散通量在到达样品中间时变得越来越少，刻蚀剂无法及时补充，它处于动态扩散反应过程中，因此形成了锯齿形纳米线[图 3.7（c）～图 3.7（e）]。另外，扩散的难度沿横向增加，因此每个扩散周期的时间变得更长，因此，锯齿形的幅度随着位置接近样品中心而增加，依次出现螺纹状的纳米线（37.8nm，

$\sigma = 0.027 \text{nm}$) [图 3.7 (c)]，串珠式纳米线（51.3nm，$\sigma = 0.037 \text{nm}$) [图 3.7 (d)]，长臂长的锯齿形纳米线（112.3nm，$\sigma = 0.006\,6 \text{nm}$) [图 3.7 (e)]。[38-39]

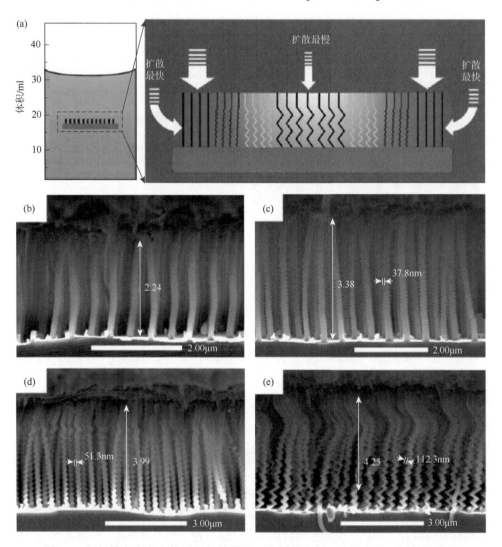

图 3.7　根据横向方向上的不同扩散通量，在样品上加工出的各种不同的纳米线

（a）样品在横向上的扩散通量示意，最快的扩散通量在样品边缘附近，而最慢的扩散通量在样品中心；（b）在样品边缘附近形成直形纳米线。在样品的中间空间中形成了锯齿形的纳米线，例如（c）螺纹状的纳米线；（d）串珠式纳米线；（e）长臂长的锯齿形纳米线。在所有情况下，刻蚀时间均为 8min

3.5.2　刻蚀时间对硅折点纳米线形貌的影响

从以上结果中还可以注意到，每个锯齿形纳米线的顶部始终有一个直线段。

这可能是由于当纳米线组成的扩散通道较短时，消耗掉的刻蚀剂可以快速补给。因此，可以推断出使用扩散控制的 MacEtch 方法来加工锯齿形纳米线时，应该存在一个临界的扩散距离。为了产生不同长度的通道，刻蚀时间改变为 3min、5min、8min 和 10min。所有刻蚀剂均相同，由 10ml HF、2ml H_2O_2、5ml 甘油和 15ml 去离子水组成。当刻蚀时间在 3min 内，仅形成 $0.98\mu m[\sigma = 0.037\mu m$，图 3.8（a）]的弯曲纳米线。随着刻蚀的进行，纳米线的长度增加，由纳米线组成的扩散通道长度也增加。因此，扩散通量逐渐减小，最终变得小于消耗速率，锯齿形纳米线开始形成。当刻蚀时间增加到 5min 时，在纳米线的底部形成了锯齿形的片段。线形段的长度和总长度分别为 $1.03\mu m（\sigma = 0.025\mu m）$和 $2.33\mu m（\sigma = 0.042\mu m）$[图 3.8（b）]。当刻蚀时间持续增加到 8min 和 10min[分别为图 3.8（c）和图 3.8（d）]时，在纳米线中也形成了锯齿形段，线形段的长度分别为约 $1.03\mu m$（$\sigma = 0.017\mu m$）和 $1.71\mu m$（$\sigma = 0.035\mu m$）。可得出结论，要形成锯齿形纳米线，临界长度应大于 $1\mu m$。

有趣的是，当锯齿形段的长度超过 $2\mu m$[图 3.8（c）锯齿形段的长度为 $2.40\mu m$，σ 为 $0.049\,6\mu m$；图 3.8（d）锯齿形段的长度为 $2.49\mu m$，σ 为 $0.043\mu m$]，扩散通量似乎会进一步减小，沿每个方向的刻蚀时间会增加，从而导致锯齿形幅度更大。[38-39]

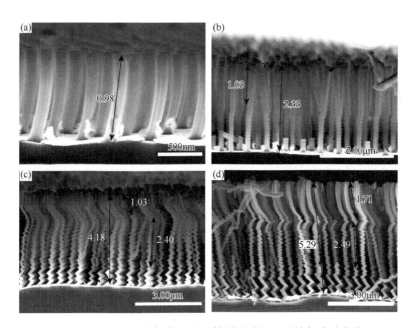

图 3.8 在同一刻蚀剂中以不同的刻蚀时间形成的各种纳米线

（a）在 3min 内形成的弯曲的纳米线；（b）在 5min 内形成的锯齿形纳米线；（c）在 8min 内形成的锯齿形纳米线；（d）在 10min 内形成的锯齿形纳米线

3.5.3　甘油体积对硅折点纳米线形貌的影响

在刻蚀剂中添加的甘油越多，扩散速率就越慢。为了进一步研究甘油体积对锯齿形纳米线加工和临界线形段长度的影响，改变刻蚀剂中甘油的体积，H_2O_2（2ml）和 HF（10ml）的体积保持恒定，去离子水的体积相应减少，以使刻蚀剂的总体积保持在32ml。

当仅添加2.5ml甘油时，即使纳米线的长度长达4.91μm（$\sigma = 0.025$μm）[图 3.9（a）]，也不会形成锯齿形纳米线。但是，当甘油的体积增加至 5ml[图 3.8（c）]、7.5ml[图 3.9（b）]和10ml[图 3.9（c）]时，形成了锯齿形纳米线。线形段的长度[分别为 1.03μm（$\sigma = 0.017$μm）、1.52μm（$\sigma = 0.069$μm）和 1.58μm（$\sigma = 0.041$μm）]；对应的锯齿形幅度[112.3nm（$\sigma = 0.006\,6$nm）、126.9nm（$\sigma = 0.006$nm）和 201.5nm（$\sigma = 0.012$nm）]随甘油体积的增加而增加。

为了研究如果甘油体积持续增加，这种趋势是否仍然有效。因此，刻意在刻蚀剂中添加20ml甘油，并且不使用去离子水。当刻蚀剂的黏度很大时，扩散速率变得非常慢，因此刻蚀速率显著降低。加工 2.65μm[图 3.9（d）,$\sigma = 0.030$μm]的纳米线大约需要 60min。正如趋势所预测的那样，仅当扩散通道的长度大于临界长

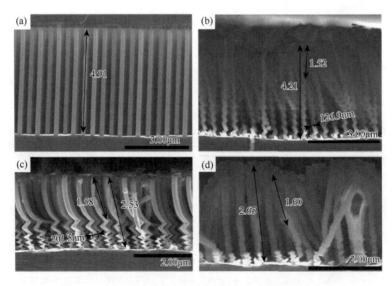

图 3.9　在不同甘油体积的刻蚀剂中形成的各种纳米线

（a）在刻蚀剂中添加 2.5ml 甘油并刻蚀 6min 形成的直形纳米线；（b）在刻蚀剂中添加 7.5ml 甘油并刻蚀 12min 形成的锯齿形纳米线；（c）在刻蚀剂中添加 10ml 甘油并刻蚀 12min 形成的锯齿形纳米线；（d）在刻蚀剂中添加 20ml 甘油并刻蚀 60min 形成的锯齿形纳米线

度（在这种情况下为 1.60μm，$\sigma = 0.052$μm）时才形成锯齿形纳米线。但是，锯齿形的幅度是减小而不是增加。综上，由于甘油可以显著影响扩散性，因此存在一个狭窄的甘油体积范围以产生锯齿形纳米线。[38-39]

3.6　硅折点纳米线的力学性质研究

3.6.1　建模方法

纳米线几何形貌为采用交替型 MacEtch 加工，如图 3.10（a）所示。为了节省时间，进行了几何缩放，每个片段的长度约为 5nm。每个段的横截面直径为 4nm。如图 3.10（c）所示，使用开源软件 Lammps 开发了 3D 仿真模型。完美的折点纳米线有 18 066 个原子。

从 SEM 图像[图 3.10（b）]，可以在纳米线中看到长方体状的缺陷。大多数缺陷的宽度约为折点纳米线直径的三分之一。因此，根据实际情况手动插入了各种表面或内部缺陷。为了简化起见，将该缺陷表示为位置-宽度-长度。例如，将位于第三部分的宽度为 0.5nm，长度为 1.0nm 的缺陷表示为 3rd-W0.5-L1.0。

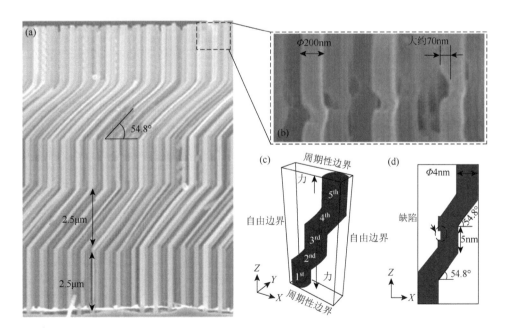

图 3.10　折点纳米线的几何形状

（a）通过交替型 MacEtch 加工的折点纳米线；（b）折点纳米线中的典型缺陷；（c）完美的折点纳米线的分子动力学模型；（d）折点纳米线模型中的表面缺陷

在轴向方向上应用周期性边界条件，在横向方向上应用自由边界条件。原子相互作用用斯蒂林格-韦伯势来描述。速度-维雷特算法用于计算积分运动方程。使用恒定数量的粒子、体积和温度在 10ps 的时间内以 2fs 的时间补偿在 1atm[①] 的恒定压力和 0.01K 的温度下弛豫所有分子系统。然后沿单轴方向施加应变以执行单轴拉伸测试。施加的应变率为 0.000 25ps^{-1}。每 900 000 个时间步长后，将应变增量应用于结构。所有 MD 模拟均在 0.1K 下进行，并使用 Nosé-Hoover 恒温器控制温度。[40]

3.6.2 仿真结果与验证

虽然很难直接测量折点纳米线的机械性能，尤其是在存在缺陷的折点纳米线中，但是，许多研究人员已经报道了直形纳米线的力学性能，因此，为了验证该模型，使用相同的参数（具有不同的几何参数）开发了直形纳米线分子动力学模型，并将仿真结果与报道的结果进行了比较。

纳米线的拉伸过程以及应力和应变之间的关系分别如图 3.11 和图 3.12（a）所示。可以看出，直形纳米线的屈服应力和屈服应变分别为 15.15GPa 和 0.152。因此，可以使用常用公式将弹性模量（$\varepsilon < 3\%$）计算为 99.67GPa。计算结果与 93～180GPa 的实验结果一致。

$$E = \frac{\sigma_{0.03}}{\varepsilon_{0.03}}$$

使用相同的方法，可以确定折点纳米线的屈服应力、屈服应变和弹性模量分别约为 2.836GPa、0.104 和 27.27GPa。可以看出，所有值都小于直形纳米线的数值，解释如下：

当在结晶方向沿<100>方向的直形段上沿<100>方向施加应变时，键角∠Si$_1$O$_1$Si$_4$、∠Si$_2$O$_1$Si$_3$ 和∠Si$_3$O$_1$Si$_4$ 减小，只有∠Si$_1$O$_1$Si$_2$ 增加[图 3.13（b）]。但是，对于结晶方向沿<112>方向的倾斜段，沿<112>方向施加应变，键角∠Si$_1$O$_2$Si$_4$ 和∠Si$_3$O$_2$Si$_4$ 减小，而∠Si$_1$O$_2$Si$_2$ 和∠Si$_2$O$_2$Si$_3$ 都增加[图 3.13（c）]，导致不同段的变形不均匀，最后在折点（直段和斜段的交会处）处开始破裂。因此，由于不均匀的变形，折点在折点纳米线中引入了较弱的点，因此，折点纳米线比直形纳米线要脆弱。折点纳米线在外力激励下折点处容易发生断裂的实验结果也证实了这一点[图 3.12（b）]。以上理论分析和实验结果表明该模型是正确的。

直形纳米线的断裂应变约为 0.179，接近硅的理论弹性极限（17%～20%），屈服后未观察到硬化现象。断裂应力与屈服应力（14.25GPa）相同，也与实验值

① 1atm = 1.01325×10^{5}Pa。

（大约 20GPa）一致。但是，由于折点纳米线更像弹簧，其断裂应变为 0.141，对比增加了 35.58%，屈服后观察到较小的硬化，其断裂应力略微增加到 2.857GPa。[40]

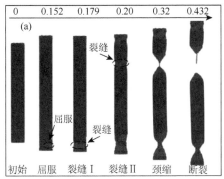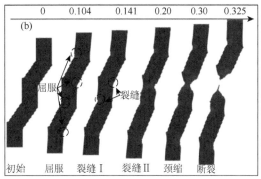

图 3.11　纳米线的拉伸过程

（a）直形纳米线；（b）折点纳米线。直形纳米线和折点纳米线的拉伸过程包括屈服、开裂、缩颈和断裂阶段

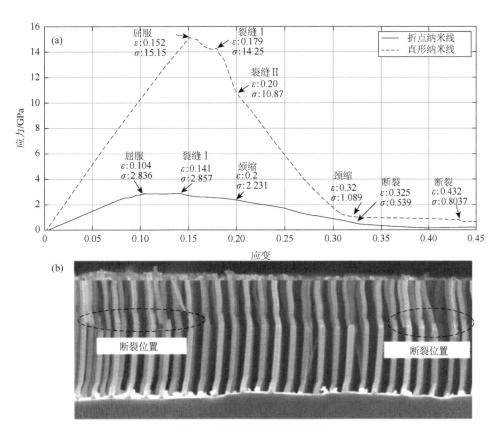

图 3.12　拉伸过程中的纳米线

（a）拉伸过程中纳米线的应力-应变关系；（b）外力激励后折点纳米线在折点处的断裂位置

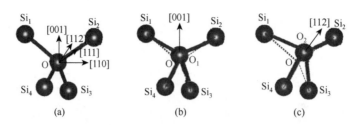

图 3.13　硅晶体的晶键结构

（a）硅晶体的初始构型；（b）沿[001]施加应变时硅晶体的晶键变形情况；（c）沿[112]施加应变时硅晶体的晶键变形情况

3.6.3　纳米线缺陷对其力学性能的影响规律

1. 表面缺陷尺寸

为了研究缺陷尺寸对折点纳米线力学性能的影响，对具有不同缺陷尺寸的纳米线进行了拉伸处理，如图 3.14 所示。缺陷的长度（L）分别为 1.0nm、1.5nm 和 2nm，并且每种情况下宽度均相同；或将缺陷的宽度（W）更改为 0.5nm、1.0nm 和 1.5nm，且长度保持恒定。缺陷位置为第 1 至第 4 段中，其他几何形状和模拟参数与控制实例相同。

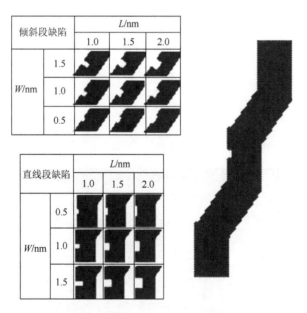

图 3.14　折点纳米线中的各种表面缺陷

每个案例中有 9 种不同条件，该系列研究共计 36 个算例

　　图 3.15 为计算结果。可以看到，缺陷尺寸对折点纳米线的力学性能有显著影响，特别是断裂位置对于应力和应变影响较大。但是，对于折点纳米线的大多数应用而言，折点纳米线仅在弹性范围内起作用。因此，为了定量评估缺陷的影响，主要考虑弹性模量。当缺陷尺寸增加时，弹性模量减小。弹性模量随着缺陷的长度的增加线性减小，但是，弹性模量随着缺陷宽度的增加非线性地减小。另外，弹性模量随着缺陷的宽度而减小的速度比随着缺陷的长度而减小的速度要快。这意味着，缺陷宽度比缺陷长度对折点纳米线的力学性能影响更大。[40]

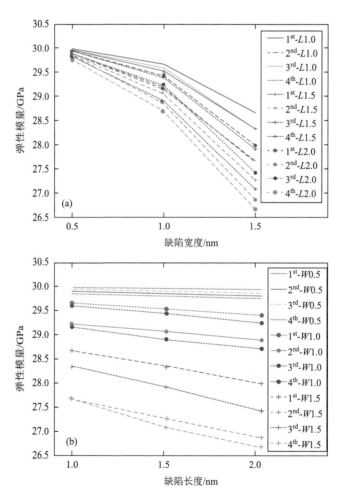

图 3.15　缺陷尺寸对折点纳米线弹性模量的影响（后附彩图）

2. 缺陷的位置

为了研究缺陷位置对折点纳米线力学性能的影响，研究了缺陷位置从第一段到第四段不等的情况，如图 3.14 所示，缺陷长度范围为 1.0～2.0nm 或宽度范围为 0.5～1.5nm，其他几何形状和模拟参数与控制实例相同。

图 3.16 中显示了在不同段中具有缺陷的折点纳米线的弹性模量。可以看出，当缺陷在倾斜段（第二段和第四段）中时，弹性模量下降的幅度要比在笔直段（第一段和第三段）中更大。此外，在所有情况中，第四段的缺陷对折点纳米线的弹性模量影响最大。

当缺陷宽度小于折点纳米线直径的 12.5%（在本节中为 0.5nm）时，无论位置和长度如何，缺陷对折点纳米线弹性模量的影响都可以忽略不计。即使缺陷的尺寸几乎显著增加到段直径的一半，弹性模量的最大降低也小于 10%。这意味着弹性模量对缺陷不敏感，这也证明了折点纳米线在某些特殊应用中具有很大的潜力，例如应变或应力传感器、生物传感器。[40]

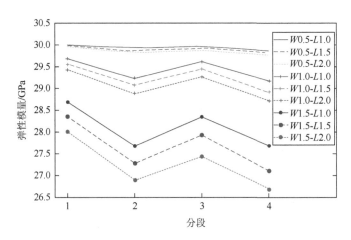

图 3.16　缺陷位置对折点纳米线弹性模量的影响（后附彩图）

3. 内部缺陷

与大多数情况一样，缺陷位置位于折点纳米线（第三段）的中间。因此，在此部分中，对第三段具有不同内部缺陷的折点纳米线进行了拉伸模拟，内部缺陷的直径分别为 0.5nm、1.0nm 和 1.5nm，而长度为 1.0nm、2.0nm 和 3.0nm，为了简化，将它们称为情况 1～情况 9（直径与长度两两组合），其他所有建模和仿真参数均保持不变。

图 3.17（a）显示了每个纳米线的最终拉伸曲线。所有纳米线都在中间断裂。这意味着内部缺陷对断裂位置影响很小。应注意的是，随着缺陷尺寸的增加，其他折点处的裂纹会减少，而断裂区域似乎都集中在纳米线的中间。图 3.17（b）显示了拉伸过程中折点纳米线的应力-应变关系。在屈服之前，应力-应变关系几乎相同。但是，较大的内部缺陷会导致断裂强度的大幅降低。

参考 案例1 案例2 案例3 案例4 案例5 案例6 案例7 案例8 案例9

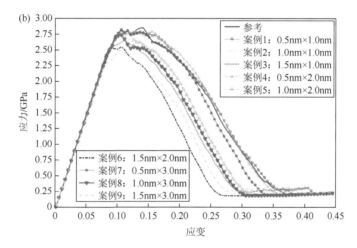

图 3.17 内部缺陷对折点纳米线力学性能的影响（后附彩图）

（a）带有内部缺陷的折点纳米线拉伸后的最终轮廓；（b）带有内部缺陷的折点纳米线在拉伸过程中的
应力-应变关系

图 3.18 显示了具有不同内部缺陷的折点纳米线的弹性模量。内部缺陷会稍微降低弹性模量，但最大减少量大约为 4%。与表面缺陷相比，内部缺陷的影响相当有限。另外，弹性模量随着内部缺陷的直径和长度的增加而线性减小。然而，内部缺陷的直径比内部缺陷的长度对弹性模量的影响更大。[40]

3.6.4 硅折点纳米线的润湿特性和反射率

比较了带有锯齿形纳米线的硅片、带有直形纳米线的硅片和裸硅片三者的接触角（图 3.19）。裸硅片的接触角为 54.6°，但是，在硅表面上加工纳米线后，接触角急剧增加。而且，由于每个锯齿形纳米线的顶部都有一个直形段，因此，直形纳米线和锯齿形纳米线的接触角之间几乎没有差异（直形纳米线和锯齿形纳米线

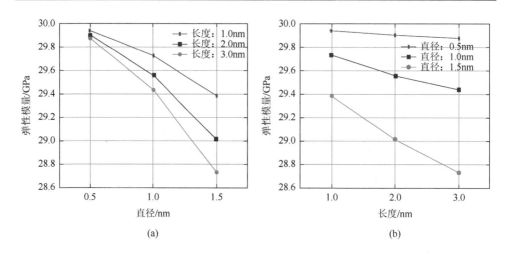

图 3.18　内部缺陷对折点纳米线弹性模量的影响图

（a）弹性模量与内部缺陷直径的关系曲线；（b）弹性模量与内部缺陷长度的关系曲线

的接触角分别为 158°和 158.3°）。这意味着硅片在其上加工了纳米线后变成了超疏水性，这种锯齿形纳米线可能有助于实现自清洁。

通常，裸硅片具有高反射率，尤其是在紫外线范围内。有限差分时域法（finite-difference time-domain method，FDTD）仿真结果表明，锯齿形纳米线可以捕获更多的光子，从而导致比紫外线范围内的直形纳米线有更高的光子吸收率[图 3.19（b）]。因此，通过实验测量并比较了带有或不带有纳米线的硅基板的反射率[图 3.19（c）]。结果表明，具有纳米线的基板的反射率显著降低；尤其是在紫外线范围（波长小于400nm），锯齿形纳米线的基材的反射率（大约为 6%）低于直形纳米线的基材的反射率（8%）。这意味着通过调整刻蚀参数以获得最佳形态，可以在非常大的波长范围内获得超低反射率。从以上结果可以得出结论，这种锯齿形的纳米线可以使硅基板具有超疏水性和高抗反射性，在太阳能应用中具有广阔的潜力。[40]

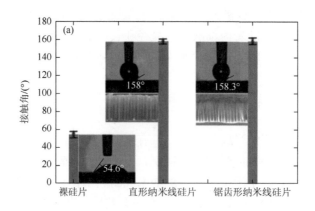

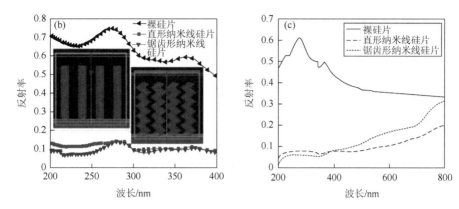

图 3.19　（a）带有纳米线或不带有纳米线的硅片接触角的比较，在硅片上加工纳米线后，硅片从亲水性变为超疏水性；通过模拟（b）和实验（c）比较具有和不具有纳米线的硅片的反射率，模拟和实验均表明，具有锯齿形纳米线的硅片在紫外线范围内的反射率低于直形纳米线的硅片

3.7　小　　结

本章中建立了刻蚀过程中纳米粒子与刻蚀流体耦合作用的数学模型，研究了刻蚀过程中纳米粒子的运动特性，发现这种加工过程是典型的动态扩散反应控制过程，通过调节刻蚀剂的黏度，可以将反应过程转变为扩散控制的过程，从而影响扩散速率并改变刻蚀方向，在折点纳米线的加工中起重要作用。本章提出了一种扩散控制的 MacEtch 方法来加工锯齿形纳米线，并讨论了外力引导式刻蚀加工的机理，此外还发现：形成锯齿形纳米线，由直形纳米线组成的通道临界长度应大于 1μm。锯齿形的幅度随位置接近样品中心或锯齿形纳米线的长度增加而增加。因此，可以通过调整每种刻蚀剂的组成和刻蚀时间来加工各种锯齿形纳米线。该方法可以为加工锯齿形纳米线和其他新颖的结构提供一种可行且经济的方式。本章建立了分子动力学模型来研究加工中可能导致的缺陷对折点纳米线力学性能的影响。发现：由于折点在纳米线中相对薄弱的位置，折点纳米线比直形纳米线要脆弱；此外，表面缺陷比内部缺陷对折点纳米线的力学性能影响更明显，且表面缺陷的宽度比表面缺陷的长度对折点纳米线的力学性能影响更大；内部缺陷的直径比内部缺陷的长度对弹性模量的影响更大，折点纳米线的弹性模量对缺陷不敏感。通过实验研究，证明锯齿形纳米线可以将硅基板变成超疏水和高抗反射性。因此，折点纳米线在太阳能、特殊的应变或应力传感器中具有巨大的潜力。

参 考 文 献

[1]　Sandu G，Osses J A，Luciano M，et al. Kinked silicon nanowires：Superstructures by metal-assisted chemical etching[J]. Nano Letters，2019，19（11）：7681-7690.

[2]　Waldrop M M. The chips are down for Moore's law[J]. Nature，2016，530（7589）：144-147.

[3]　Zhang A Q，Lieber C M. Nano-Bioelectronics[J]. Chemical Reviews，2016，116（1）：215-257.

[4]　Lieber C M. Semiconductor nanowires：A platform for nanoscience and nanotechnology[J]. MRS Bulletin，2011，36（12）：1052-1063.

[5]　Tian B Z，Karni T C，Qing Q，et al. Three-dimensional，flexible nanoscale field-effect transistors as localized bioprobes[J]. Science，2010，329：830.

[6]　Thelander C，Agarwal P，Brongersma S，et al. Nanowire-based one-dimensional electronics[J]. Materialstoday，2006，9（10）：28-35.

[7]　Hyun J K，Zhang S X，Lauhon L J. Nanowire heterostructures[J]. Annual Review of Materials Research，2013，43：451-479.

[8]　Bindal A，Hamedi-Hagh S. Silicon nanowire transistors[M]. Berlin：Springer，2016.

[9]　Jiang J W. Intrinsic twisting instability of kinked silicon nanowires for intracellular recording[J]. Physical Chemistry Chemical Physics，2015，17：28515-28524.

[10]　Zimmerman J F，Murray G F，Wang Y C，et al. Free-standing kinked silicon nanowires for probing inter-and intracellular force dynamics[J]. Nano Letters，2015，15：5492-5498.

[11]　Shin N，Chi M F，Filler M A. Interplay between defect propagation and surface hydrogen in silicon nanowire kinking superstructures[J]. ACS nano，2014，8（4）：3829-3835.

[12]　Zhang A Q，Zheng G F，Lieber C M. Emergence of nanowires[M]. Berlin：Springer，2016.

[13]　Li M C，Li Y F，Liu W J，et al. Metal-assisted chemical etching for designable monocrystalline silicon nanostructure[J]. Materials Research Bulletin，2016，76：436-449.

[14]　Xia Y N，Yang P D，Sun Y G，et al. One-dimensional nanostructures：Synthesis，characterization，and applications[J]. Advanced Materials，2003，15（5）：353-389.

[15]　Einarsrud M A，Grande T. 1D oxide nanostructures from chemical solutions[J]. Chemical Society Reviews，2014，43（7）：2187-2199.

[16]　唐元洪，硅纳米线及硅纳米管[M]. 北京：化学工业出版社，2007.

[17]　Jackson M J，Morrell J S. Machining with nanomaterials[M]. New York：Springer，2009.

[18]　Colson P，Henrist C，Cloots R. Nanosphere lithography：A powerful method for the controlled manufacturing of nanomaterials[J]. Journal of Nanomaterials，2013，2013：1-19.

[19]　Maiti U N，Lee W J，Lee J M，et al. 25th anniversary article：Chemically modified/doped carbon nanotubes & graphene for optimized nanostructures & nanodevices[J]. Advanced Materials，2014，26：40-67.

[20]　Posseme N. Plasma etching processes for interconnect realization in VLSI[M]. Amsterdam：Elsevier，2015.

[21]　Köhler M. Etching in microsystem technology[M]. Weinheim：Wiley-VCH Verlag GmbH，2008.

[22]　Nojiri K. Dry etching technology for semiconductors[M]. Berlin：Springer，2015.

[23]　Li X L. Metal assisted chemical etching for high aspect ratio nanostructures：A review of characteristics and applications in photovoltaics[J]. Current Opinion in Solid State and Materials Science，2012，16（2）：71-81.

[24]　Li X，Bohn P W. Metal-assisted chemical etching in HF/H_2O_2 produces porous silicon[J]. Applied Physics Letters，2000，77（16）：2572-2574.

[25]　Han H，Huang Z P，Lee W. Metal-assisted chemical etching of silicon and nanotechnology applications[J]. Nano Today，2014，9（3）：271-304.

[26]　Huang Z P，Geyer N，werner P，et al. Metal-assisted chemical etching of silicon: A review[J]. Advanced Materials，2011，23（2）：285-308.

[27] Huang Z P，Geyer N，Liu L F，et al. Metal-assisted electrochemical etching of silicon[J]. Nanotechnology，2010，21（46）：465301.

[28] 耿学文，贺春林，徐仕翀，等. 银辅助化学刻蚀半导体材料[J]. 化学进展，2012（10）：1955-1965.

[29] Li L Y，Zhang G P，Wong C P. Formation of through silicon vias for silicon interposer in wafer level by metal-assisted chemical etching[J]. IEEE Transactions on Components，Packaging and Manufacturing Technology，2015，5（8）：1039-1049.

[30] Chang C，Sakdinawat A，Ultra-high aspect ratio high-resolution nanofabrication for hard X-ray diffractive optics[J]. Nature Communications，2014，5：1-7.

[31] Chen C Y，Wu C S，Chou C J，et al. Morphological control of single-crystalline silicon nanowire arrays near room temperature[J]. Advanced Materials，2008，20：3811-3815.

[32] 张晓宏，陈欢，王辉，等. 有序排列的弯折硅纳米线阵列的制备方法：200910236146.5[P]. 2011-05-04.

[33] Kim J，Kim Y H，Choi S H，et al. Curved silicon nanowires with ribbon-like cross sections by metal-assisted chemical etching[J]. ACS Nano，2011，5（6）：5242-5248.

[34] Chen C Y，Wong C P. Unveiling the shape-diversified silicon nanowires made by HF/HNO$_3$ isotropic etching with the assistance of silver[J]. Nanoscale，2015，7（3）：1216-1223.

[35] Chen H，Wang H，Zhang X H，et al. Wafer-scale synthesis of single-crystal zigzag silicon nanowire arrays with controlled turning angles[J]. Nano Letters，2010，10（3）：864-868.

[36] 师文生，刘运宇，余广为. 一种方向可以改变的弯折硅纳米线阵列的制备方法：200910241664.6[P]. 2011-06-01.

[37] Kim Y，Tsao A，Lee D H，et al. Solvent-induced formation of unidirectionally curved and tilted Si nanowires during metal-assisted chemical etching[J]. Journal of Materials Chemistry C，2013，1：220-224.

[38] Chen Y，Zhang C，Li L Y，et al. Fabricating and controlling silicon zigzag nanowires by diffusion-controlled metal-assisted chemical etching method[J]. Nano Letters，2017，17（7）：4304-4310.

[39] Chen Y，Li L Y，Zhang C，et al. Controlling kink geometry in nanowires fabricated by alternating metal-assisted chemical etching[J]. Nano Letters，2017，17（2）：1014-1019.

[40] Chen Y，Zhang C，Li L Y，et al. Effects of defects on the mechanical properties of kinked silicon nanowires[J]. Nanoscale Research Letters，2017，12：185.

第四章 超高深径比纳米线刻蚀加工

4.1 超高深径比纳米线刻蚀加工研究背景

单层纳米球阵列在学术研究和工业发展中都引起了极大的关注，因为阵列结构可以广泛用于光伏[1-2]、生物传感[3]和微/纳米结构制造[4]等应用。通过浸涂[5-6]、旋涂[7]或气-水界面自组装[8-11]，可以在硅片和玻璃等基材上轻松实现单层密排纳米球阵列并用作后续程序的模板。尽管单层密排阵列可以满足很多需求，但一些特殊场景需要非单层密排阵列，例如有序孔的制造[12]、纳米线[13-17]、复杂的微结构[18]等。

一般来说，非单层密排阵列可以通过化学刻蚀[19-20]、热处理[21]、等离子体刻蚀[22-29]等收缩技术从单层密排阵列衍生出来。在这些方法中，等离子体刻蚀是最常用的方法，因为它操作简单[30]，并与多种聚合物材料相容，例如聚苯乙烯（polystyrene，PS）[22]和聚甲基丙烯酸甲酯（polymethyl methacrylate，PMMA）[8]。然而，等离子体刻蚀方法的刻蚀效率和所得阵列形态（无论是阵列尺度还是单个纳米球尺度）仍然不能令人满意。两种主要类型的等离子体处理，即电容耦合等离子体（capacitive coupled plasma，CCP）和电感耦合等离子体（inductive coupled plasma，ICP），先前已被深入研究[22,24-25]，并证明能够制造所需大小的非单层密排纳米球阵列。系统的工作频率通常很高（高达 13.56MHz），并且需要氧气和氩气等辅助气体来实现所需的等离子体功能[29]。该系统的一个主要限制是它们倾向于产生表面非常粗糙的纳米球[8,23-25]，这可能会导致后续制造过程中的失败。此外，由于高频等离子体刻蚀的工作原理，即将纳米球逐个原子解离[31]，刻蚀速率被严重限制在每分钟几纳米。

我们证明了低频（40kHz）等离子体刻蚀系统可用于实现具有光滑表面的聚苯乙烯（PS）纳米球的非单层密排阵列。与高频等离子体系统相比，低频等离子体系统除了成本低的优势外，刻蚀速率还可以提高一倍。我们展示了可以通过调整刻蚀时间或刻蚀功率来精确控制 PS 纳米球的尺寸。此外，使用非单层密排 PS 纳米球阵列作为 MacEtch 的模板，可实现深径比超过 200 的硅（Si）纳米线。

4.2 PS 纳米球刻蚀加工方法

4.2.1 PS 纳米球自组装

首先，在去离子水和无水乙醇的超声浴中分别冲洗单晶硅片（晶向[100]，

N 型重度掺杂，直径 4in[①]，购自哈尔滨博特科技有限公司）10min 后，在 N$_2$ 气流中干燥。在超声条件下处理 PS 纳米球溶液（质量分数 2.5%，储存在水中直径为 510nm，购自美国 Polysciences 公司）600s，然后将 PS 纳米球溶液滴到固定在匀胶机上的 Si 晶片上。匀胶机以 100r/min 的速度工作 10min，以便在晶片上形成均匀的薄膜，然后以 1000r/min 的速度工作 1min 去除残余的溶液。之后，将 Si 晶片静置 3h 使水蒸发。最终，在硅晶片表面上获得了有序的六角形密排阵列。将准备好的硅晶片切成 10mm×10mm 大小，用于接下来的实验。这些过程都是在洁净室中进行的，在洁净室中温度和湿度分别严格控制在23℃和50%。

在这项工作中使用了两种不同工作频率的等离子体系统。一种是 Diener 低压等离子体系统（设备型号为 ATTO，购自德国 Diener electronic 公司），其工作频率为 40kHz，最大功率为 200W。低频等离子体由电容耦合等离子体（CCP）放电产生。该系统的圆柱形硼硅酸盐腔室水平放置，并且两个半弧电极轴向对称地组装在腔室的外壁上。样品放置在腔室的中心，因此它们位于接地电极和偏置电极之间。另一种是移动式等离子体清洗中心（购自 ibss 集团），其工作频率为 13.56MHz，最大功率为 100W。由感应耦合等离子体（ICP）放电产生的等离子体源，从侧壁上的管道进入圆柱腔体中。因此，样品既不放置在接地电极上，也不放置在偏置电极上。在刻蚀期间，氧气（纯度为 99.999%）或氩气（纯度为 99.999%）用作辅助气体。应当指出的是，除非声明使用辅助气体，否则在抽真空之后的残留气体中进行实验。在刻蚀之前，对真空泵和气流进行 600s 的稳定化处理，以获得可重现的等离子体气氛。通过皮拉尼压力计监测刻蚀室内的压力。当在不引入辅助气体的情况下用环境空气进行刻蚀时，对于 40kHz 等离子体系统和 13.56MHz 等离子体系统，工作压力分别为 0.1mbar[②]和 0.04mbar。

在加工硅纳米线的 MacEtch 过程中，首先通过电子束蒸发器（设备型号为 Lesker LAB18）以 3nm/s 的沉积速度将厚度为 3nm 的 Ti 和厚度为 30nm 的 Au 沉积在经过等离子体处理的 PS 纳米球阵列上。然后将样品浸入含有 10ml HF（质量分数为 49%，购自 Rhawn）、2ml H$_2$O$_2$（质量分数为 30%，购自上海阿拉丁生化科技股份有限公司）和 20ml 去离子水（18.2MΩ·cm，由 Millipore 公司生产）的刻蚀剂中几分钟。在刻蚀后，用大量的去离子水冲洗样品，并用氮气将其干燥。

在硅样品和硅纳米线上的自组装 PS 纳米球的表征是在 SEM（设备型号为 Hitachi SU8010 和 Hitachi SU8220）上进行的。使用 Image-Pro Plus（软件版本号为 6.0.0.260，由美国 Media Cybernetics 公司开发）测量刻蚀后 PS 纳米球的直径，

① 1in = 2.54cm。

② 1mbar = 10^{2}Pa。

使用 Matlab 的 Curve Fitting Toolbox 3.5.1（软件版本号为 R2015a，购自美国 MathWorks 公司）对相关数据进行拟合，并用 Bruker 公司的原子力显微镜（设备型号为 Dimension FastScan）进行表面形态分析。[32]

4.2.2　PS 纳米球刻蚀

图 4.1 显示了 PS 纳米球在 40kHz 等离子体刻蚀（功率为 100W，没有任何辅助气体）下的形貌演变。在刻蚀之前，PS 纳米球紧密堆积成单层，因此，相邻的 PS 纳米球之间只有很小的间隙[图 4.1（a）]。一旦进行了等离子体刻蚀，PS 纳米球表面就被等离子体提供的热能化学分解并熔化。当等离子体刻蚀时间增加到 5min 时，熔融的 PS 与相邻的 PS 纳米球形成桥连[图 4.1(b)]。桥的长度约为 50nm。当刻蚀时间持续增加到 10min 时，局部温度相应增加；因此，更多的材料熔化然后蒸发。同时，桥也被化学解离并融化，蒸发并最终消失。此外，PS 纳米球的尺寸显著减小，导致 PS 纳米球彼此分离，获得了直径约 361.3nm 的 PS 纳米球的非单层密排阵列[图 4.1（c）]。当刻蚀时间进一步增加到 15min 时，PS 纳米球有点扭曲变形成椭圆形，并且其中一些由于材料蒸发而从原始中心位置移位[图 4.1（d）]。在刻蚀时间增加到 20min[图 4.1（e）]和 25min[图 4.1（f）]之后，PS 纳米球变成不规则形状的点，并有些随机分布。然而，PS 小点尺寸不再随刻蚀时间而变化。[32]

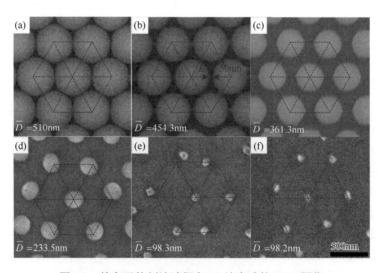

图 4.1　等离子体刻蚀过程中 PS 纳米球的 SEM 图像

（a）在等离子体刻蚀之前单层密排 PS 纳米球阵列；分别刻蚀 5min（b）、10min（c）、15min（d）、20min（e）和 25min（f）时，PS 纳米球的图像；测量是通过 Image-Pro Plus 软件的最佳拟合圆工具进行的，每个实验测量了 10 个纳米球，以最大程度地减少随机误差，平均值用于表示纳米球的直径，六边形展示了自组装 PS 纳米球的原始晶格

4.2.3 刻蚀时间及刻蚀功率对 PS 纳米球刻蚀速率的影响规律

图 4.2 是等离子体系统在不同工作频率（功率均为 100W，未使用辅助气体）下刻蚀的 PS 纳米球形态的比较。可以看出，在不同频率等离子体刻蚀产生的 PS 纳米球尺寸相似的前提条件下，经过 13.56MHz 等离子体系统刻蚀了几分钟之后，PS 纳米球失去了原始的球形形状，并趋于六边形形状。此外，它们的表面变得非常粗糙[图 4.2（a），Ra 约为 5.5nm]。之前的研究表明，只有在极低的刻蚀温度（−150℃）下并采用 13.56MHz 的等离子体刻蚀时，才能获得更加光滑的球形的纳米球阵列。但是，当 PS 纳米球被 40kHz 等离子体系统刻蚀时，它们的球形形状得以保留，并且表面更加光滑[图 4.2（b），Ra 约为 1.2nm]。显然，使用较低频率的等离子体系统可放宽对刻蚀温度的要求，是一种更为简便和经济的方法。

为了探索刻蚀过程中纳米球尺寸的可控性，定量研究了刻蚀时间和刻蚀能力的影响。首先，分析了两个工作频率下纳米球直径与刻蚀时间之间的关系，如图 4.2（c）所示。对于所有实验，将等离子体功率控制在 100W，并且不使用辅助气体。可以注意到，对于两个不同的工作频率，PS 纳米球的尺寸随着刻蚀时间的增加而线性减小。此外，在 40kHz 等离子体刻蚀下，PS 纳米球的尺寸比在 13.56MHz 等离子体刻蚀下的尺寸减小要快得多。对于 40kHz 和 13.56MHz 的等离子体刻蚀，刻蚀速率（由直径减小表示并通过一阶多项式曲线拟合计算）分别为 23.9nm/min 和 12.3nm/min。可以看出，40kHz 等离子体系统的刻蚀速率几乎翻了一番。其次，研究了在不同等离子体功率下以恒定的 20min 刻蚀时间刻蚀后的 PS 纳米球尺寸，如图 4.2（d）所示。注意到，在两种工作频率下，PS 纳米球尺寸随等离子体功率的增加呈线性减小，这表明调节等离子体功率可能是精确控制 PS 纳米球尺寸的另一种有效方法。此外，使用 40kHz 等离子体系统时，PS 纳米球对等离子体功率更为敏感。与 13.56MHz 等离子体系统（2.4nm/W）相比，40kHz 等离子体系统（4.4nm/W）的刻蚀速率也几乎翻了一番。

以上结果证明了低频等离子体系统刻蚀 PS 纳米球的优越性，因为它可以实现更高的刻蚀速率并获得更光滑的球面。该机制可以解释如下：不同于离子能量更多位于热范围的高频等离子体（如 13.56MHz），在低频等离子体（如 40kHz）中，离子拥有超热能量，并且可以有效地将其动能转移到 PS 纳米球，从而产生高温，使得 PS 纳米球（聚苯乙烯的熔点约为 240℃）除了化学解离以外，还可以在高速率下各向同性地熔化和汽化；另外，由于表面能最小化的自然趋势，残余温度使 PS 纳米球退火而形成光滑表面。相反，来自高频等离子体的热离子通常被化学吸附在 PS 纳米球的表面上，然后将 PS 纳米球逐个原子解离，结果，所得的表面是粗糙的并且材料去除率低。[32]

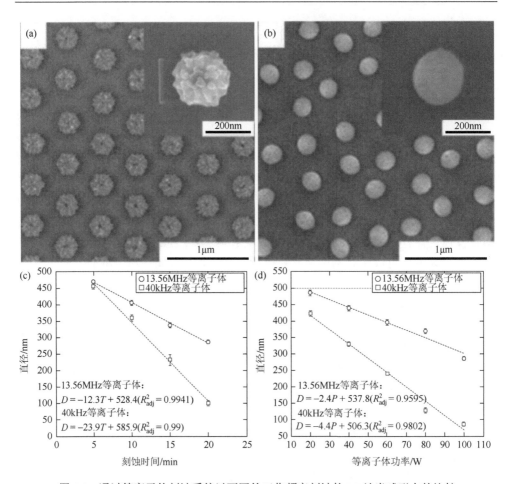

图 4.2　通过等离子体刻蚀系统以不同的工作频率刻蚀的 PS 纳米球形态的比较

（a）13.56MHz 等离子体系统刻蚀的 PS 纳米球的 SEM 图像；（b）40kHz 等离子体系统刻蚀的 PS 纳米球的 SEM 图像；（c）PS 纳米球直径与刻蚀时间的关系；（d）PS 纳米球直径与等离子体功率的关系。刻蚀时间保持在恒定的 20min，D 表示 PS 纳米球的直径，T 表示刻蚀时间，P 表示功率，R_{adj}^2 表示拟合系数

4.2.4　辅助气体的种类对 PS 纳米球刻蚀速率的影响规律

在上述实验中，等离子体是由腔室内的残留空气产生的。另外，在 CCP 或 ICP 系统中经常引入氧气和氩气作为辅助气体来改变刻蚀速率。很少研究辅助气体对低频等离子体刻蚀的影响。图 4.3 显示了气体种类对 PS 纳米球刻蚀速率的影响。当在等离子体刻蚀中使用氩气时（严格控制气体通量以使腔室压力稳定在 0.78mbar 时，称为氩气等离子体刻蚀），刻蚀速率仅为 0.3nm/min。当使用氮气作为辅助气体时，趋势几乎相同。当使用具有相同通量的氧气代替时（称为高通量氧等离子体刻蚀），刻蚀速率增加到 5.1nm/min。显然，与氩气等惰性

气体相比，氧气作为与 PS 纳米球的碳反应形成挥发性物质的反应性气体，可以提高刻蚀速率。另一方面，我们还注意到，当降低氧气通量以将腔室压力保持在 0.30mbar 时（称为低通量氧等离子体刻蚀），刻蚀速率可以显著提高至 11.3nm/min。这可能是由于氧气通量过大导致高温离子散发出来并降低了腔室内的温度。当不使用辅助气体时，刻蚀速率最大（23.9nm/min），这也支持了这一假设（称为无辅助气体的等离子体刻蚀）。

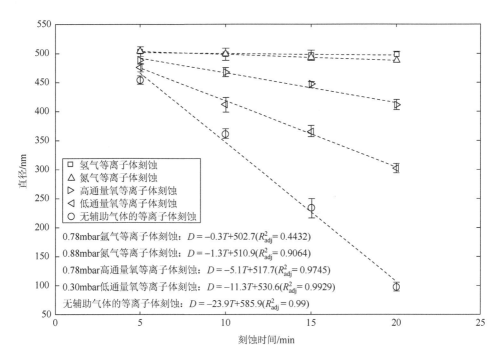

图 4.3　不同种类的气体对 PS 纳米球刻蚀速率的影响

D 表示 PS 纳米球的直径；T 表示刻蚀时间；R_{adj}^2 表示拟合系数

图 4.4 显示了气体通量对 PS 纳米球形貌的影响。当通过高通量氧等离子体刻蚀（工作压力 0.78mbar）进行处理时，PS 纳米球会随着刻蚀时间的增加而逐渐收缩[图 4.4（a）~图 4.4（d）用于 5min、10min、15min 和 20min 的刻蚀]，并且相邻纳米球之间的窄桥先建立后消失。刻蚀 20min 后，尽管大多数纳米球仍保持孤立状态，但其中一些会聚集并出现聚结的纳米球[图 4.4（d）]。请注意，在没有辅助气体的情况下，等离子体刻蚀中并未观察到这一点（图 4.1）。有趣的是，当通过低通量氧等离子体刻蚀（工作压力 0.30mbar）进行处理时，聚结的纳米球出现得更快，即仅 10min 后[图 4.4（f）]。随着刻蚀时间的进一步增加，越来越多的

纳米球聚结在一起，形成了包含两个或多个纳米球的团簇[图 4.4（g）、图 4.4（h）]。结果表明，低频氧等离子体刻蚀（40kHz）可用于形成包含聚结的纳米球簇的非单层密排阵列，可将其用作模板以制造特殊的纳米结构。此外，估计纳米球开始聚结的直径阈值约为 411nm[图 4.4（d）和图 4.4（f）]。这种尺寸阈值可以理解为当纳米球足够大时，即当它们的直径大于阈值时，借助于它们之间的桥，它们可以完美地稳定在其原始位置。一旦桥消失，纳米球趋向于跟随蒸气流动而运动。随着纳米球继续收缩，它们与基底的接触面积减小，因此纳米球与基底之间的接触力也变弱。结果，越来越多的纳米球开始运动并聚结。[32]

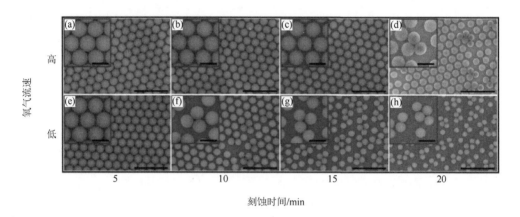

图 4.4　通过高通量和低通量氧等离子体刻蚀的 PS 纳米球的 SEM 图像

通过高通量氧等离子体刻蚀的 PS 纳米球的刻蚀时间分别为 5min（a）、10min（b）、15min（c）和 20min（d）；通过低通量氧等离子体刻蚀的 PS 纳米球的刻蚀时间分别为 5min（e）、10min（f）、15min（g）和 20min（h）；比例尺为 2μm，放大的图像被插入到每个图像中，放大图像中的比例尺为 500nm，聚结的纳米球首先出现在（d）和（f）中

4.3　超高深径比纳米线刻蚀加工结果及表征

通过 MacEtch 方法将非单层密排 PS 纳米球阵列用作模板加工硅纳米线。当使用包含分离 PS 纳米球的模板时，我们可以获得长度较短的有序且均匀的硅纳米线[图 4.5（a）和图 4.5（b）]；随着刻蚀时间的增加，硅纳米线变长（即大于 15μm）时，硅纳米线由于弯曲刚度的急剧降低而塌陷[图 4.5（e）]。当将聚结的 PS 纳米球阵列用作模板时，可以相应地获得聚结的硅纳米线[图 4.5（c）和图 4.5（d）]。每个聚结的硅纳米线由两条或更多条圆形纳米线组成，从而为纳米线提供了更大的抗弯曲刚度。结果，获得了深径比超过 200 的有序硅纳米线（高度约为 67μm，直径约为 326nm）[图 4.5（f）]。该方法为制造具有超高深径比的有序纳米线提供了可能。[32]

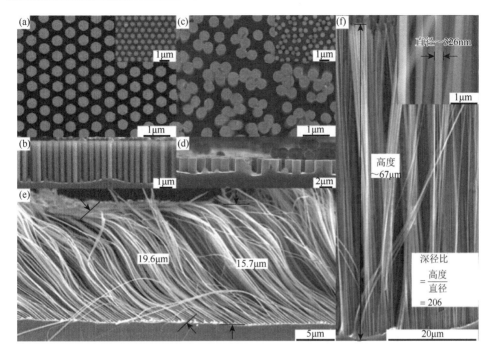

图 4.5 通过 MacEtch 加工的硅纳米线

（a）非单层密排 PS 纳米球阵列作为模板获得的硅纳米线；（b）硅纳米线的截面图；（c）使用聚结的 PS 纳米球阵列作为模板获得的聚结的硅纳米线；（d）聚结的硅纳米线截面；（e）使用（a）中的模板加工的塌陷纳米线；（f）使用（b）中的模板加工的超长纳米线

4.4 小　结

通过深入研究加工过程，发现低频等离子体刻蚀工艺主要由热蒸发刻蚀机制控制，这不同于高频等离子体刻蚀中原子级解离的机制。通过优化刻蚀时间和功率，可以精确地控制 PS 纳米球的尺寸。并通过在低频等离子体刻蚀系统中引入氧气作为辅助气体，获得了单层密排 PS 纳米球阵列，并将其用作 MacEtch 的模板，从而控制纳米粒子催化剂的运动。由此加工出来的硅纳米线具有更强的抗弯曲刚度，可以将硅纳米线的深径比显著地提高到 200 以上。锯齿形的纳米线可以将硅基板变成超疏水和高抗反射性，在太阳能应用中具有广阔的潜力。因此，折点纳米线在特殊应用中的应变传感器或应力传感器中具有巨大的潜力。

参 考 文 献

[1]　Wang W H，Ma Y R，Qi L M. High-performance photodetectors based on organometal halide perovskite nanonets[J]. Advanced Functional Materials，2017，27（12）：1603653.

[2]　Yu P，Wu J，Liu S T，et al. Design and fabrication of silicon nanowires towards efficient solar cells[J]. Nano Today，2016，11（6）：704-737.

[3]　Anker J，Hall W P，Shah N C，et al. Biosensing with plasmonic nanosensors[J]. Nature Materials，2008，7：442-453.

[4]　Dong J J，Zhang X W，Yin Z G，et al. Controllable growth of highly ordered ZnO nanorod arrays via inverted self-assembled monolayer template[J]. ACS Applied Materials & Interfaces，2011，3：4388-4395.

[5]　Nunez C G，Navaraj W T，Liu F Y，et al. Large-area self-assembly of silica microspheres/nanospheres by temperature-assisted dip-coating[J]. ACS Applied Materials & Interfaces，2018，10（3）：3058-3068.

[6]　Armstrong E，Khunsin W，Osiak M，et al. Ordered 2D colloidal photonic crystals on gold substrates by surfactant-assisted fast-rate dip coating[J]. Small，2014，10（10）：1895-1901.

[7]　Mihi A，Ocana M，Miguez H. Oriented colloidal-crystal thin films by spin-coating microspheres dispersed in volatile media[J]. Advanced Materials，2006，18（17）：2244-2249.

[8]　Vogel N，Goerres S，Landfester K，et al. A convenient method to produce close-and non-close-packed monolayers using direct assembly at the air-water interface and subsequent plasma-induced size reduction[J]. Macromolecular Chemistry and Physics，2011，212（16）：1719-1734.

[9]　Weekes S M，Ogrin F Y，Murray W A，et al. Macroscopic arrays of magnetic nanostructures from self-assembled nanosphere templates[J]. Langmuir，2007，23（3）：1057-1060.

[10]　Huang Z P，Fang H，Zhu J. Fabrication of silicon nanowire arrays with controlled diameter，length，and density[J]. Advanced Materials，2007，19：744-748.

[11]　Huang Z P，Geyer N，Werner P，et al. Metal-assisted chemical etching of silicon：A review[J]. Advanced Materials，2011，23（2）：285-308.

[12]　Lu Z X，Namboodiri A，Collinson M M. Self-supporting nanopore membranes with controlled pore size and shape[J]. ACS Nano，2008，2（5）：993-999.

[13]　Chen Y，Li L Y，Zhang C，et al. Controlling kink geometry in nanowires fabricated by alternating metal-assisted chemical etching[J]. Nano Letters，2017，17（2）：1014-1019.

[14]　Chen Y，Zhang C，Li L Y，et al. Fabricating and controlling silicon zigzag nanowires by diffusion-controlled metal-assisted chemical etching method[J]. Nano Letters，2017，17（7）：4304-4310.

[15]　Chen Y，Zhang C，Li L Y，et al. Effects of defects on the mechanical properties of kinked silicon nanowires[J]. Nanoscale Research Letters，2017，12：185.

[16]　Pavlenko M，Coy E L，Jancelewicz M，et al. Enhancement of optical and mechanical properties of Si nanopillars by ALD TiO$_2$ coating[J]. RSC Advances，2016，6（99）：97070-97076.

[17]　Paulenko M，Siuzdak K，Coy E，et al. Silicon/TiO$_2$ core-shell nanopillar photoanodes for enhanced photoelectrochemical water oxidation[J]. International Journal of Hydrogen Energy，2017，42（51）：30076-30085.

[18]　Yang S K，Cai W P，Kong L C，et al. Surface nanometer-scale patterning in realizing large-scale ordered arrays of metallic nanoshells with well-defined structures and controllable properties[J]. Advanced Functional Materials，2010，20（15）：2527-2533.

[19]　Peng K Q，Zhang M L，Lu A J，et al. Ordered silicon nanowire arrays via nanosphere lithography and metal-induced etching[J]. Applied Physics Letters，2007，90：163123.

[20]　Fenollosa R，Meseguer F. Non-close-packed artificial opals[J]. Advanced Materials，2003，15（15）：1282-1285.

[21]　Jaber S，Karg M，Morfa A，et al. 2D assembly of gold-PNIPAM core-shell nanocrystals[J]. Physical Chemistry Chemical Physics，2011，13：5576-5578.

[22]　Hanarp P，Sutherland D S，Gold J，et al. Control of nanoparticle film structure for colloidal lithography[J]. Colloids and Surfaces A：Physicochemical and Engineering Aspects，2003，214：23-36.

[23]　Yan L L，Wang K，Wu J S，et al. Hydrophobicity of model surfaces with loosely packed polystyrene spheres after plasma etching[J]. The Journal of Physical Chemistry B，2006，110：11241-11246.

[24]　Haginoya C，Ishibashi M，Koike K. Nanostructure array fabrication with a size-controllable natural lithography[J]. Applied Physics Letters，1997，71（20）：2934-2936.

[25]　Plettl A，Enderle F，Saitner M，et al. Non-close-packed crystals from self-assembled polystyrene spheres by isotropic plasma etching：Adding flexibility to colloid lithography[J]. Advanced Functional Materials，2009，19：3279-3284.

[26]　Valsesia A，Meziani T，Bretagnol F，et al. Plasma assisted production of chemical nano-patterns by nano-sphere lithography：Application to bio-interfaces[J]. Journal of Physics D：Applied Physics，2007，40：2341-2347.

[27]　Li L，Zhai T Y，Zeng H B，et al. Polystyrene sphere-assisted one-dimensional nanostructure arrays：Synthesis and applications[J]. Journal of Materials Chemistry，2011，21：40-56.

[28]　Brombacher C，Saitner M，Pfahler C，et al. Tailoring particle arrays by isotropic plasma etching：An approach towards percolated perpendicular media[J]. Nanotechnology，2009，20：105304.

[29]　Akinoglu E M，Morfa A J，Giersig M. Understanding anisotropic plasma etching of two-dimensional polystyrene opals for advanced materials fabrication[J]. Langmuir，2014，30（41）：12354-12361.

[30]　Vogel N，Weiss C K，Landfester K. From soft to hard：The generation of functional and complex colloidal monolayers for nanolithography[J]. Soft Matter，2012，8：4044-4061.

[31]　Köhler M. Etching in microsystem technology[M]. Hoboken：John Wiley & Sons，Inc.，2008.

[32]　Chen Y，Shi D C，Chen Y H，et al. A facile，low-cost plasma etching method for achieving size controlled non-close-packed monolayer arrays of polystyrene nano-spheres[J]. Nanomaterials，2019，9：605.

第五章　单纳米精度硅孔阵列刻蚀加工

5.1　单纳米精度硅孔阵列刻蚀加工研究背景

在信息化的时代，硅（Si）是应用最广泛的半导体。它在微电子[1-4]、光电子学[3, 5]、MEMS 器件[4, 6]、储能[7-8]等领域发挥着不可替代的作用。由于硅与纳米技术的结合，所加工出的硅纳米结构具有独特的优点，包括机械强度高、环境适应性好、易于与其他微电子器件相集成[9]等，硅纳米结构在许多应用中具有优异的性能。因此，激励研究人员开发更多的硅纳米结构加工方法[10-15]，探索硅纳米结构的应用领域。

自 1996 年纳米孔应用于生物领域以来[16]，纳米孔传感器引起了全球各国研究者的兴趣[17-18]。纳米孔作为纳米孔传感器的重要构成部分，可分为生物纳米孔和固态纳米孔两大类。随研究的发展，固态纳米孔逐渐应用于纳米孔传感器中，并取代了早期的生物纳米孔。固态纳米孔具有良好的稳定性、较长的使用寿命和可控的几何形状，并且与现有的半导体器件和微流体制造技术相兼容[19]。这些优势大大地丰富了固态纳米孔的功能多样性，拓宽了固态纳米孔的应用范围。在基因测序[图 5.1（a）]、离子逻辑电路及微流控[图 5.1（b）]、人体检测传感器[图 5.1（c）]、纳米光刻模板[图 5.1（d）]、钙钛矿太阳能电池[图 5.1（e）]，以及生物检测[图 5.1（f）]等领域有着广泛的应用和巨大的发展潜力[20-29]。但是，目前固态纳米孔加工领域仍然面临着一些难题和挑战，例如，主流的 FIB 和聚焦电子束（focused electron beam，FEB）加工技术在一个加工周期中只能加工出一个纳米孔，这意味着加工耗时长、成本高，且加工范围仅局限于薄膜；离子轨迹刻蚀和电化学阳极氧化加工纳米孔的形状和位置很难达到良好的可控性；等等。

目前，提高固态纳米孔阵列的加工效率及孔的形状、尺寸和位置可控性等方面都有待进一步研究。因此，如何廉价、高效率和高质量地加工出可控硅纳米孔阵列成为一个亟须解决的问题，特别是加工出与其他现有技术和器件相兼容的单纳米精度硅孔阵列。针对这个问题，本书在充分调研和分析现有的固态纳米孔主流加工技术的基础上，结合机器学习（machine learning，ML）对 MacEtch 加工亚 10nm 硅纳米孔阵列的关键工艺条件开展了大量的研究工作。

为了解决目前加工亚 10nm 硅纳米孔阵列存在的挑战，本节对现有的固态纳米孔主流加工方法进行充分调研，并分析各技术的优缺点，寻求最佳加工方法。

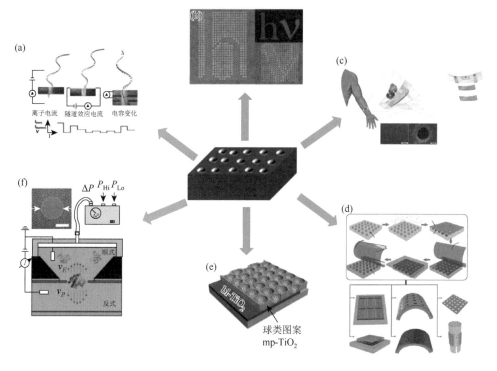

图 5.1 固态纳米孔的一些典型应用

（a）基因测序；（b）光通过特制加工的固态纳米孔形成字母"hv"；（c）人体检测传感器；（d）纳米光刻模板；
（e）钙钛矿太阳能电池；（f）生物检测

5.1.1 离子束加工

2001 年，哈佛大学的 Li 等[30]首次采用 FIB 在 300nm 厚的氮化硅（Si_3N_4）薄膜上加工出了单个特征尺寸为 60nm 的纳米孔，如图 5.2（a）和图 5.2（b）所示。其工艺的第一步是通过 FIB 在薄膜上打孔[31]：在独立的 Si_3N_4 薄膜中，用氩离子雕刻出一个碗状腔体，同时在反馈控制的离子溅射系统中，通过开孔的离子进行计数，在适当的时间停止刻蚀加工。该工艺加工的纳米孔大小约为 100nm，调节离子速率和温度，可改变孔的大小，从而在纳米范围内对孔进行微调。之后，其他研究人员用离子束加工方法在 Si_3N_4 以外的基底上加工出了纳米孔，如 SiC、SiO_2 和石墨烯等[32-36]。

Verner 等[37]开发了一种基于 FIB 铣削纳米粒子自组装超结构的新方法，如图 5.2（c）所示。在不同电压下，离子束与自组装的叠层结构，实现了纳米多孔材料孔隙率的可控性；利用纳米粒子在混合研磨和熔化过程中发生的组成成分耦合，可以对超结构的孔隙率进行调整。Fürjes[38]对加工纳米孔所使用的具有统计几何特征的工艺参数进行函数建模，利用高分辨率 SEM、TEM 和扫描离子显微镜分析几何形貌。根据不同材料结构的实验结果，推导出孔径演化率的连续函数。额外的金属层被沉积在膜的背面，并在离子研磨过程中接地，以消除电介质层的电荷干扰。研究证明，孔隙几何形状的符合性和其加工的可靠性可以得到显著提高。该工作充分展示了 FIB 加工的特征，提高了加工固态纳米孔阵列的可靠性，纳米孔的几何形状精确地预先确定，以便识别目标分子类型。Hashim 等报道了一种利用 FIB 作为工具直接加工 Si_3N_4 和 Si 膜中的锥形微孔和石墨烯纳米孔的新技术，其中离子束分别作为流体通道和传感膜[39]。具体是，通过锥形微孔的多步骤铣削技术，实现了内径为 3μm 的微孔加工。随后，通过全干转移法将石墨烯成功转移到锥形微孔中，获得了内径约为 30nm 的圆形石墨烯纳米孔。Sabili 等[40]探究了利用 FIB 铣削加工硅纳米孔深度的影响因素。通过优化 FIB 系统的铣削参数，成功地加工出了锥形纳米孔，其最小孔径为 66.51nm。此外，当深径比小于定值时，重新沉积的材料将降落在纳米孔的尖端，并保持了侧壁的高深径比，这一结果有利于推进纳米孔在新一代 DNA 测序技术中的应用进程。

　　"钻刻"和"雕刻"亚 10nm 固态纳米孔是当前纳米制造的关键点，并在生物学、化学和电子学等领域得到了初步应用。其中，采用离子束进行雕刻加工纳米孔引起了科研人员的巨大兴趣，与其他方法相比，其具有较小的离子破碎率，解决了纳米孔加工的部分难题。利用高分辨率 FIB 对基底进行纳米级的雕刻为纳米科学工具开创了崭新的方向。

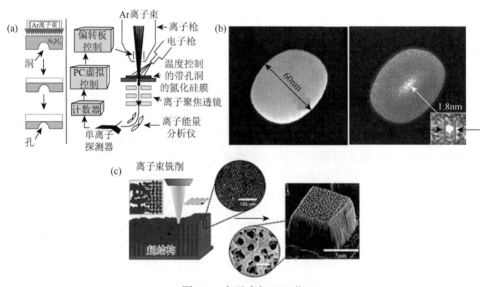

图 5.2　离子束加工工艺

（a）离子束加工原理图[30]；（b）左为离子束加工后初始孔径为 60nm，右为再经离子束收缩至 1.8nm[30]；（c）FIB
铣削纳米粒子自组装超结构[37]

5.1.2　电子束加工

2003 年，代尔夫特理工大学的 Storm 等[41]首次报道了一种利用 TEM 设备来加工二氧化硅纳米孔的技术，其具有单纳米精度和直接视觉反馈。首先，通过 EBL 技术和各向异性刻蚀技术在硅薄膜上加工出一个孔径为 20nm 的孔；在热氧化后，将其暴露在高能电子束中，这将使二氧化硅流化，并使孔由于表面张力而收缩，孔径减少到 1nm。当电子束关闭时，材料发生淬火并保持其形状。这种技术极大地提高了制造各种纳米器件的工艺水平。2006 年，普渡大学的 Iqbal 等利用传统的场发射扫描电子显微镜（field emission scanning electron microscope，FESEM）的电子源来制造固态纳米孔。[42]采用微机械在硅薄膜上加工出的纳米孔初始孔径为 50～200nm，随后在 FESEM 中进行原位处理，并使孔的直径进一步收缩到 10nm 以下。值得注意的是，使用 FESEM 的电子源进行辐射并观察到的收缩行为与 TEM 有所不同，FESEM 作用过程可能是一个表面缺陷产生的辐射溶解和硅原子后续运动到孔周边的结果。

广东工业大学的 Yuan 等[43]在 Si_3N_4 薄膜上通过调控电子束加速电压、束流和放大倍数，可以精确控制纳米孔的大小。在最佳条件下，获得了最快收缩率为 2.51nm/s、最小直径为 5.3nm 的纳米孔。兰州大学的 He 等[44]为了解决电子束加工时所进行的定位和对焦过程导致纳米孔位置以外的区域不可避免地接受到电子束或激光束辐射这一问题，开发了共聚焦扫描光致发光加工 SiN_x 纳米孔技术，进一步观察其在电子束和激光束曝光影响下的微观变化。结果表明，如果想要保证膜的微观完整性，在制造过程中尽量减少电子束或激光束辐射对 SiN_x 的影响至关重要。

5.1.3　离子轨迹刻蚀加工

离子轨迹刻蚀加工是一种在薄膜基底上非常稳定地加工纳米孔的技术。离子轨迹刻蚀加工一般有两个步骤：第一步，通过离子回旋加速器加速高能贵金属离子，使其在聚合物薄膜（一般厚度为几微米）的基底上创建出"轨迹"；第二步，进行化学刻蚀加工，利用贵金属离子催化下的区域比没有贵金属离子催化的区域刻蚀快的特点，加工出纳米孔[25]，如图 5.3（a）所示。

滤膜通常由几种聚合物制成。离子轨迹刻蚀加工的基本原理是，在离子的直线路径上，具有高能量的重离子渗透到固体中，引起永久的材料变化；通过使用合适的试剂（能快速和专门刻蚀受损区域的试剂）进行刻蚀，离子路径可以扩大到孔隙。最近，研究人员还在几纳米到十几微米之间，加工出了巨大深径比的圆柱形孔[45-48]，如图 5.3（b）[45]和图 5.3（c）[47]所示。离子轨迹刻蚀加工成本低，粒子通量稳定，但存在放射性污染、能量范围有限、碎片复杂等缺点，限制了该方法的应用。

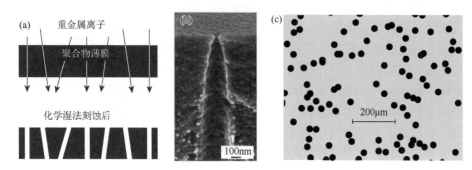

图 5.3　离子轨迹刻蚀加工

（a）离子轨迹刻蚀加工纳米孔的原理图[25]；（b）在 12μm 厚的 PET 箔上 Au 离子轨迹刻蚀加工圆锥孔[45]；（c）离子轨迹刻蚀加工出分布随机但排列规则的纳米孔[47]

5.1.4　电子束光刻辅助的反应离子刻蚀加工

2006 年，Han 等[49]首次在 Si_3N_4 薄膜上利用 EBL 技术和反应离子刻蚀（reactive ion etching，RIE）技术加工出了纳米孔（孔径约 50nm），其加工原理如图 5.4（a）所示[50]。第一步，利用 EBL 技术在光刻胶上得到纳米孔图案；第二步，通过 RIE 技术在目标薄膜上加工，得到纳米孔图案；第三步，刻蚀掉多余的基底，形成纳米通孔。Nam 等[51]也利用该方法加工出了约 70nm 的纳米孔，并通过原子层沉积技术成功使孔缩小至亚 10nm，如图 5.4（b）所示。Wu 等[52]利用该方法加工出来的固态纳米孔，开发出生物检测器件，实现对前列腺特异性抗原的超灵敏探测，如图 5.4（c）所示。

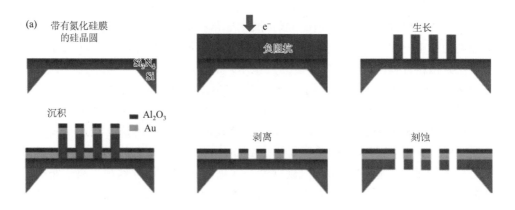

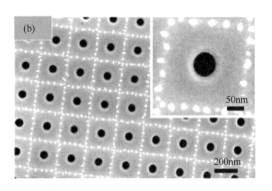

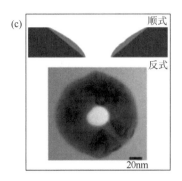

图 5.4 EBL 辅助 RIE 刻蚀加工

（a）加工原理图[50]；（b）加工出约 70nm 的纳米孔[51]；（c）SiN$_x$ 薄膜上纳米孔的 TEM 图[52]

5.1.5 阳极氧化铝薄膜辅助加工

自 1995 年，阳极氧化铝（anodic aluminum oxide，AAO）[图 5.5（a）和图 5.5（b）]被 Masuda 等[53]发明以来，逐渐成为掩膜板材料。研究人员为了在更多类型的基底上加工出规则的纳米孔[54]，以 AAO 薄膜为模板，进行表面贵金属颗粒自组装等，并结合湿法刻蚀工艺加工出纳米孔，如图 5.5（c）和图 5.5（d）

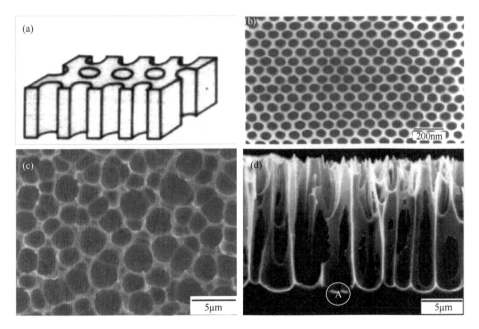

图 5.5 AAO 薄膜辅助加工硅晶片

（a）AAO 薄膜的结构图[53]；（b）AAO 薄膜表面 SEM 图[53]；（c）以 AAO 薄膜为模板在硅基底上加工纳米孔[54]；
（d）为（c）的剖面图[54]

所示。虽然此方法理论上可行，但是在加工亚 10nm 的纳米孔的探索过程中，由于 AAO 薄膜的孔径一致性不高且孔径过大，导致该工艺所加工的纳米孔精度不高，孔径也难以达到亚 10nm 级。近二十多年来，有大量的研究致力于提高此方法在众多其他领域的兼容性[55-58]。

5.1.6　金属辅助等离子体刻蚀加工

金属辅助等离子体刻蚀（metal assisted plasma etching，MAPE）加工属于干法刻蚀。2012 年，James 等[59]首次利用所开发的金属辅助等离子体刻蚀工艺加工出了纳米孔。MAPE 主要机理是在金纳米粒子的催化条件下和 CF_4/O_2 等离子体氛围中，硅被金纳米粒子所覆盖区域的刻蚀速率大于未被覆盖的区域，从而形成锥形硅纳米孔，如图 5.6（a）、图 5.6（c）和图 5.6（d）所示。Sun 等[60]发现 MAPE 工艺在 SF_6/O_2 等离子体的氛围中，可以发生刻蚀，从而加工出硅纳米孔，其加工机理如图 5.6（b）所示。随着研究逐步深入，越来越多的研究人员通过 MAPE 工艺加工出了纳米孔[61-64]。

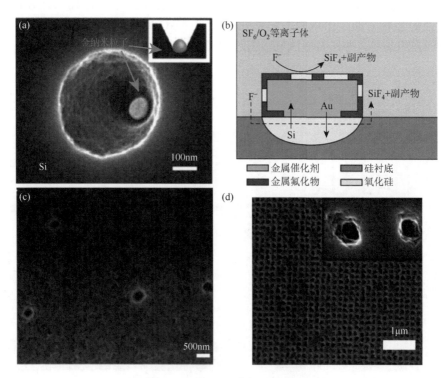

图 5.6　MAPE 工艺加工硅晶片

（a）在 CF_4/O_2 等离子体的氛围中，MAPE 加工硅纳米孔[59]；（b）在 SF_6/O_2 等离子体的氛围中，MAPE 的刻蚀机理[60]；（c）单个硅纳米孔[59]；（d）硅纳米孔阵列[59]

5.1.7　金属辅助化学刻蚀加工

2000 年，Li 等[65]首次报道了在含有 HF 和 H_2O_2 的溶液中通过 MacEtch 工艺加工出了硅纳米孔，刻蚀机理如图 5.7（a）所示，刻蚀过程是一个多步骤的反应[66-67]。首先，通过 H_2O_2[式（5.1）]或 H^+[式（5.2）]的还原，在阴极形成空穴。硅的 MacEtch 工艺是一种电化学过程，涉及跨金属-硅界面的空穴传输过程，那么表面的硅就会被空穴氧化[当 H_2O_2 不足时，只形成 SiF_4，如式（5.3）所示；当 H_2O_2 足够时，也会形成 SiO_2，如式（5.4）所示]。之后，SiF_4 和 SiO_2 迅速被 HF 溶解[式（5.5）和式（5.6）]。总体反应可写成式（5.7）和式（5.8）。

阴极上空穴的形成：

$$H_2O_2 + 2H^+ \longrightarrow 2H_2O + 2h^+ \tag{5.1}$$

$$2H^+ \longrightarrow H_2 \uparrow + 2h^+ \tag{5.2}$$

阳极 SiF_4 和 SiO_2 的形成：

$$Si + 4HF + 4h^+ \longrightarrow SiF_4 + 4H^+ \tag{5.3}$$

$$Si + 2H_2O + 4h^+ \longrightarrow SiO_2 + 2H^+ \tag{5.4}$$

在阳极中用 HF 溶解 SiF_4 和 SiO_2：

$$SiF_4 + 2HF \longrightarrow H_2SiF_6 \tag{5.5}$$

$$SiO_2 + 6HF \longrightarrow H_2SiF_6 + 2H_2O \tag{5.6}$$

总体反应：

$$Si + 6HF + H_2O_2 \longrightarrow H_2SiF_6 + 2H_2O + H_2 \uparrow \tag{5.7}$$

$$Si + 6HF + 2H_2O_2 \longrightarrow H_2SiF_6 + 4H_2O \tag{5.8}$$

研究人员对利用 MacEtch 技术加工纳米孔的可行性进行了广泛的研究[68-70]。Smith 等[71]利用微粒自组装方法加工得到的 SiO_2 包覆金（Au@SiO_2）纳米粒子阵列，结合 MacEtch，成功加工出亚 10nm 硅纳米孔阵列，如图 5.7（b）所示。该方法巧妙地利用了微粒自组装的原理得到了间距可控的金纳米粒子阵列，但是该研究仍存在很大的探索空间，例如，尚未对金纳米粒子直径与加工的纳米孔直径的关系进行探究、对其中的加工原理未进行详细阐述、在可控性方面也有待提高。为了进一步控制纳米孔的分布密度，Smith 等对微粒自组装方法加工金纳米粒子阵列的方法开展了进一步的研究，利用相同粒径的 SiO_2 纳米粒子与 SiO_2 包覆金纳米粒子混合胶体，结合微粒自组装的方法，在硅衬底上得到了单层有序金纳米粒子阵列，再结合 MacEtch 工艺，成功加工出直径约 20nm 的分布密度较小的纳米孔[72]。Von Toan 等[73]通过 MacEtch 加工出了直径约 15nm 和深度约 200μm 的纳米孔，并将其应用于离子传输，其剖面如图 5.7（c）所示。Mousavi 等[74]通过磁控溅射来改变 Au 厚度，结合 MacEtch 工艺加工出了孔径小于 30nm 的纳米孔。Li 等[75]报道了以 Ag 纳米粒子为金属催化剂，通过 MacEtch 工艺在硅衬底上加工出具有不同分布密度的纳米孔，其剖面如图 5.7（d）所示。

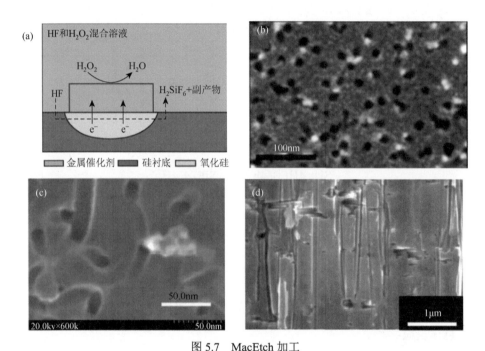

图 5.7　MacEtch 加工

（a）MacEtch 刻蚀机理[71]；（b）亚 10nm 硅纳米孔阵列[71]；（c）15nm 纳米孔剖视图[73]；
（d）纳米多孔硅剖视图[75]

表 5.1 对以上固态纳米孔的主流加工方法，进行了优缺点比较。在这些加工方法中，虽然 MacEtch 在纳米孔阵列的质量和可控性上还有待提高，但相比而言，其优点更加突出，包括：①工艺简单、设备成本低、效率高；②可以加工多种形式的纳米结构；③实现各向异性加工，可实现过程控制；④易与其他工艺集成，纳米孔轮廓一致性好；⑤加工残留的贵金属易处理，不会造成污染，避免影响纳米孔的使用性能。因此，本书选用 MacEtch 加工方法和 ML 相结合来实现"可控加工亚 10nm 硅纳米孔阵列"的研究目标。

表 5.1　固态纳米孔的主流加工方法优缺点比较

加工方式	最小孔径/nm	优点	缺点
离子束加工	>1.8	孔径小、重复性好	耗时、设备昂贵、仅在薄膜加工
电子束加工	>0.13	尺寸可控	加工形状有限、仅在薄膜加工、设备昂贵
离子轨迹刻蚀加工	3~10	成本低、离子通量稳定	存在放射性污染、加工尺寸有限
EBL 辅助加工	单孔：3~5；阵列：30~40	可精确图案化加工	耗时、设备昂贵、分辨率低
AAO 薄膜辅助加工	20	形貌可控	加工精度低、孔径较大
MacEtch 加工	>5	成本低、高效、无污染	可控性差
MAPE 加工	20	刻蚀可控	所使用的气体较危险

5.2　单纳米精度掩膜板加工

5.2.1　二氧化硅包覆金纳米粒子自组装

1. 实验材料选择

硅片的选择主要取决于以下两个因素：掺杂类型、掺杂浓度，本书选择的硅片购自合肥卓睿光电科技有限公司，其参数如表 5.2 所示。N 和 P 型硅片在工业半导体中同样重要，均可在 MacEtch 工艺中加工，为后续加工亚 10nm 硅纳米孔阵列提供可行性。

有序单层密排分布的 5nm 金纳米粒子模板，通过 SiO_2 包覆金纳米粒子的自组装获得。目前市面上 5nm SiO_2 包覆金纳米粒子只有 Sigma-Aldrich 公司在生产，因此，本书使用的 SiO_2 包覆金纳米粒子试剂购自 Sigma-Aldrich 公司，是整个工艺流程中重要的一环。

为确保工艺中硅片不受外界污染，需用去离子水配制实验所需刻蚀剂以及清洗硅片，本书去离子水（25℃时电阻率为18.2MΩ·cm）购自美国Millipore公司。

配制刻蚀剂所需的HF购自Rhawn公司，其质量分数为49%；H_2O_2购自Aladdin公司，其质量分数为30%。

用于精确量取 Au@SiO$_2$ 纳米粒子溶液的移液枪购自力辰科技有限公司,其量程为 0.1～2.5μl。

表 5.2　硅片参数

硅片的掺杂类型	硅片的厚度/μm	电阻率/(Ω·cm)	编号
N	500±25	5～10	N
N	500	0.01～0.05	N+
N	500	<0.001	N++
P	500±25	5～10	P
P	500	0.01～0.05	P+
P	500±10	<0.001	P++

2. 实验设备

在 Au@SiO$_2$ 纳米粒子的自组装加工过程中,为了保证自组装过程中硅衬底表面的清洁,需要在超声浴中对硅片进行清洗。本书选用东森清洁设备有限公司的超声波清洗机,将玻璃刀切好的硅片分别在无水乙醇和去离子水超声浴中清洗 3min,然后用氮气流干燥。

在 Au@SiO$_2$ 纳米粒子的自组装加工过程中,为了增强硅片表面润湿能力,首先抽真空到 0.2mbar,硅片在等离子体清洗机 100%功率和 1mbar 的氧气条件下,放电处理 10min。本书选用迈可诺技术有限公司的等离子体清洗机。

为了探究匀胶机参数(转速、加速度、工序和工作时间)对 Au@SiO$_2$ 纳米粒子自组装的影响,需要对匀胶机参数进行精确的调控,本书选用迈可诺技术有限公司的匀胶机,该设备用于处理基于硅片表面 Au@SiO$_2$ 纳米粒子的旋涂工艺。

为了对 Au@SiO$_2$ 纳米粒子原始形貌进行表征,本书采用透射电子显微镜(TEM)为后续硅纳米孔的孔径和孔中心距提供数据支持,如图 5.8(a)所示。

为了储存自组装和刻蚀后的样品,保证样品在真空条件下干燥和不受污染,便于后续在电镜下进行表面形貌表征,本书选用盐城凝科实验科技有限公司的真空储存罐。

为了表征 Au@SiO$_2$ 纳米粒子自组装后的样品表面形貌、刻蚀后样品表面和剖面的表面形貌,本书采用日本 Hitachi 公司的扫描电子显微镜(SEM),如图 5.8(b)所示。

 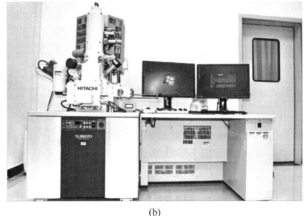

(a)　　　　　　　　　　　　　　　　　(b)

图 5.8　表征设备

（a）TEM；（b）SEM

5.2.2　旋涂工艺研究

在平衡条件下，分子和纳米粒子通过非共价键和范德瓦耳斯力相互作用自发形成热力学稳定、结构确定和功能特殊的聚集体。自组装[76-79]过程的特点是：一旦开始，它将自动进行到终点，在此过程中不需要外力干预。自组装的本质是一个物理过程，属于分子间弱相互作用（小于 100kJ/mol）的范畴。然而，在液相中，纳米粒子的相互作用较弱，形态单一，难以自组装。因此，通常通过修饰或外加力场来增强纳米粒子的定向控制能力。旋涂法是指用离心力替代重力，其关键在于离心力的调控，离心力过大易出现裂痕，离心力太小则容易多层堆叠。

根据 SiO_2 包覆金纳米粒子自身微粒大小、材质等的特点，经济而高效地在硅基底表面加工出有序单层密排阵列。本书选用旋涂法来完成 SiO_2 包覆金纳米粒子在硅片表面的自组装，关键在于匀胶机参数的选择。

为了研究匀胶机参数对旋涂自组装过程的影响，如表 5.3 所示，实例 1 到实例 8 中匀胶机的加速度设置为 $300m/s^2$，转速分别被设置为 300r/min，500r/min，2000r/min，5000r/min，300r/min、2000r/min，500r/min、5000r/min，300r/min、2000r/min、5000r/min，500r/min、2000r/min、5000r/min。工序分别被设置为 1，1，1，1，1、2，1、2，1、2、3，1、2、3。工序对应的工作时间分别被设置为 5s，5s，5s，5s，5s、5s，5s、5s，5s、5s、9s，5s、5s、9s。其他参数，如氩气量、室温和湿度等均保持一致。借助 SEM 进行自组装好的硅片表面形貌表征，得到结果如图 5.9 所示。实例 1 和实例 2 结果为粒子堆叠分布；实例 3 和实例 4 为粒子稀疏分布；实例 5 和实例 6 粒子不均匀分布；实例 7 和实例 8 粒子有序单层密排分布。

当匀胶机转速较低且只有一道工序时，由于离心力太小容易导致粒子堆叠分布，如图 5.9（a）所示；当匀胶机转速过大时，由于离心力太大则易出现粒子稀疏、单一分布，如图 5.9（b）所示；当增到两道工序时，改善了粒子堆叠状况，但是由于后面的转速不够高，溶剂挥发不及时容易导致粒子分布不均匀，如图 5.9（c）所示；当增到三道工序时，粒子得到有效分散，溶剂挥发及时，在硅片表面加工出有序单层密排分布的 $Au@SiO_2$ 纳米粒子阵列，如图 5.9（d）所示。

综上所述，当匀胶机工序为三道且先小转速工作 5s，再中速工作 5s，最后高速工作 9s 旋转时，$Au@SiO_2$ 纳米粒子可以克服堆叠和分散稀疏问题，实现有序单层密排分布。由此得出结论，由小转速到中速再到高速的工序更有利于粒子的有序单层密排自组装。

表 5.3　不同加工参数的硅片表面上 $Au@SiO_2$ 纳米粒子自组装情况

实例	转速/(r/min)	加速度/(m/s^2)	工序	工作时间/s	自组装情况
1	300	300	1	5	粒子堆叠分布
2	500	300	1	5	粒子堆叠分布
3	2000	300	1	5	粒子稀疏分布
4	5000	300	1	5	粒子稀疏分布
5	300；2000	300	1；2	5；5	粒子不均匀分布
6	500；5000	300	1；2	5；5	粒子不均匀分布
7	300；2000；5000	300	1；2；3	5；5；9	粒子有序单层密排分布
8	500；2000；5000	300	1；2；3	5；5；9	粒子有序单层密排分布

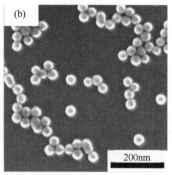

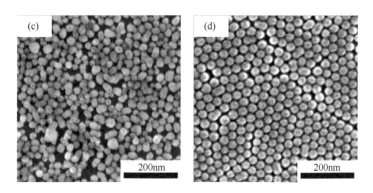

图 5.9 不同旋涂参数粒子自组装的 SEM 图

（a）实例 1 和实例 2 粒子堆叠分布；（b）实例 3 和实例 4 粒子稀疏分布；（c）实例 5 和实例 6 粒子不均匀分布；（d）实例 7 和实例 8 粒子有序单层密排分布

5.2.3 二氧化硅包覆金纳米粒子自组装结果表征

为了在各硅片参数条件下，均可获得有序单层密排分布的 Au@SiO$_2$ 纳米粒子，本节选择最佳旋涂参数组合进行加工。

将从合肥卓睿光电科技有限公司购买的 4in 晶圆单晶硅片（晶向[100]），切成 10mm×10mm 方块进行实验，将硅片分别在无水乙醇和去离子水超声浴中清洗 3min，然后用氮气流干燥 1～3min。紧接着，在等离子体清洗机中处理 10min 以增强表面润湿能力。

在超声条件下将 Au@SiO$_2$ 纳米粒子溶液（从 Sigma-Aldrich 购买）处理 3min 后，用移液枪取 2.5μl Au@SiO$_2$ 纳米粒子溶液滴到固定在匀胶机旋转盘上的 10mm× 10mm 的硅晶圆上。匀胶机先以 300r/min 的速度工作 5s 后，紧接着以 2000r/min 的速度工作 5s，以便在硅晶圆上形成均匀的单层膜；随后以 5000r/min 的速度工作 9s 以去除多余的溶液。之后，将硅晶圆静置 3h 使溶液完全蒸发，最终在硅晶圆表面上加工出了单层密排的 Au@SiO$_2$ 纳米粒子阵列。

图 5.10 为在各种硅片参数条件下，Au@SiO$_2$ 纳米粒子的自组装。将包含有 Au@SiO$_2$ 纳米粒子溶液滴在裸硅片上，并通过匀胶机使得溶液厚度均匀化，在硅片上加工出单层密排分布的 Au@SiO$_2$ 纳米粒子阵列。由此可见，硅片的掺杂类型和掺杂浓度对自组装没有影响。移液枪量取合适的 Au@SiO$_2$ 纳米粒子的溶液，通过调控合适的匀胶机参数（转速、加速度、工序、工作时间）可以在硅片表面加工出单层密排分布的 Au@SiO$_2$ 纳米粒子阵列。通过金纳米粒子大小和包覆层的厚度来控制纳米孔的大小和纳米孔的孔间距，解决了 MacEtch 加工硅纳米孔孔径和位置不可控的问题，为后续刻蚀加工提供了金纳米粒子阵列模板，确保了后续刻蚀加工的实验基础。[80]

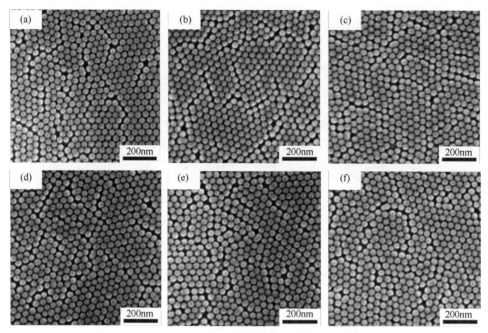

图 5.10　Au@SiO₂ 纳米粒子自组装的 SEM 图像

（a）N；（b）N₊；（c）N₊₊；（d）P；（e）P₊；（f）P₊₊

5.3　纳米孔阵列刻蚀加工

　　为了进一步控制纳米孔的分布，本章对微粒自组装加工金纳米粒子阵列的方法开展了进一步的研究，利用相同粒径的 SiO₂ 纳米粒子与 SiO₂ 包覆金纳米粒子混合胶体，结合微粒自组装的方法，在硅晶圆基底上加工单层有序金纳米粒子阵列，再使用 MacEtch 处理后，成功加工出直径约为 20nm 的较为稀疏分布的纳米孔[72]。虽然这种方法在加工具有可控尺寸和孔间距的纳米孔方面非常有前景，但是由于自组装和刻蚀涉及复杂的物理和化学过程，必须通过具有高效优化能力和高重复性的加工方法来实现。

　　本章对 N₊ 基底刻蚀过程中的硅纳米孔的典型形态演变进行分析，工艺流程如图 5.11 所示，首先，SiO₂ 包覆金纳米粒子通过匀胶机旋涂沉积在硅基底表面。紧接着，将自组装好的硅片浸入含有 HF、H₂O₂ 和去离子水的刻蚀剂中，SiO₂ 包覆层优先被 HF 去除，在硅基底表面留下单层有序的金纳米粒子阵列作为催化剂，通过 MacEtch 进一步加工出亚 10nm 硅纳米孔阵列。最后，通过 SEM 观测到刻蚀结果有三种：①欠刻蚀；②单纳米精度硅孔阵列；③过刻蚀，形成海绵化结构。分析得到硅纳米孔加工的主要影响参数，为后续利用 ML 辅助优化刻蚀加工提供数据和理论依据。[80]

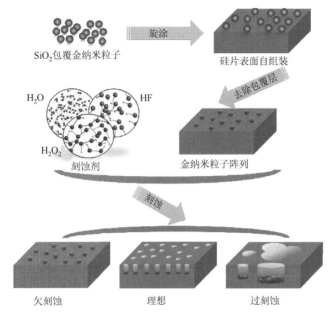

图 5.11 MacEtch 加工硅纳米孔阵列的示意图

将前面自组装好的样品浸入含有 15ml HF、x ml H_2O_2 和（17–x）ml 去离子水的刻蚀剂中，反应不同时间。然后用大量的去离子水冲洗刻蚀后的样品表面 1～3min，并用氮气将其干燥。最后，借助 SEM 进行样品的形貌表征。

5.3.1 刻蚀加工平台搭建

大量的研究表明，MacEtch 的方法可以用来加工硅纳米孔结构[12-15]。但是，在这些研究中，直接加工出来的纳米孔孔径大于 10nm，并不能满足亚 10nm 硅纳米孔阵列的加工要求。为了保障硅纳米孔阵列的加工精度，必须搭建一个刻蚀专用平台，提高实验安全性和可靠性，以期满足亚 10nm 硅纳米孔阵列的加工要求，为后续实验开展建立硬件基础。考虑上述因素，本章采用亚克力作为刻蚀专用平台的搭建材料，通过 AutoCAD 和 SolidWorks 等软件辅助设计平台图纸，使之应用到刻蚀加工实验当中。

为了防 HF 腐蚀，确保实验安全开展，本章采用的亚克力、刻蚀专用手套均采购自廊坊坤鹏工程项目管理有限公司。为了方便实验操作者进行实验，平台主要参数：长度为 700mm，宽度为 500mm，两个手套口距离为 350mm，距离底部高度为 200mm，进出料阀门直径为 600mm。这一平台包括刻蚀专用滴管、若干刻蚀专用离心管、进出料阀门、手动操作口、HF 和 H_2O_2 试剂。在刻蚀加工前，实验操作者通过进出料阀门放入刻蚀所需试剂、工具等；实验后，实验操作者通过进出料阀门取出实验废液，确保了平台用料供给。在刻蚀加工时，实验者通过手动操作口配制刻蚀剂，并在刻蚀区域完成刻蚀加工；同时，该平台还配备了进排气口，保障刻蚀后平台内部的空气流通。为了避免客观环境带来的实验误差，室内环境温度和湿度分别控制在 23℃和 50%。

5.3.2 单纳米精度硅孔阵列刻蚀加工形貌演变过程

为了更好地说明在 MacEtch 加工过程中，亚 10nm 硅纳米孔阵列的典型形态演变，本节选取 N+ 为研究对象进行 MacEtch 加工。

图 5.12 为采用 SiO_2 包覆金纳米粒子自组装，通过 MacEtch 在 N 型中度掺杂（N+）的硅片加工纳米孔阵列的典型过程。在刻蚀之前，通过 TEM 观测到 $Au@SiO_2$ 纳米粒子在超薄碳膜铜网上形成的分布情况如图 5.12（a）所示，可以看到 $Au@SiO_2$ 纳米粒子内核的金纳米粒子的直径约为 5nm，外径约为 28nm，因此形成密排阵列后两个金纳米粒子之间的中心距为 28nm。将 $Au@SiO_2$ 纳米粒子溶液滴在裸硅片上，并通过匀胶机使得溶液厚度均匀化，在各参数硅片上形成单层密排 $Au@SiO_2$ 纳米粒子阵列如图 5.10（a）～图 5.10（f）所示。

一旦加入包含有 HF 的刻蚀剂后，外层的 SiO_2 包覆层几乎立即完全溶解，内部的金纳米粒子则逐渐沉降到硅片表面。必须注意的是，由于金纳米粒子直径仅为 5nm，容易受到外部环境和布朗运动的影响，只能形成相对均匀分布的金纳米粒子阵列。当加入仅包含 0.1ml H_2O_2 的刻蚀液，由于 H_2O_2 的浓度不足，被金纳米粒子催化 H_2O_2 发生还原反应后形成的空穴数量与浓度均不足，即使刻蚀时间（t）延长 30min 甚至 60min，刻蚀仍几乎不见有效果，金纳米粒子阵列并未刻蚀进入硅片内部，仅在硅片表面留下一层相对均匀分布的金纳米粒子阵列，称之为欠刻蚀[图 5.12（b）]。

当刻蚀剂中 H_2O_2 的体积提高至 0.7ml，即使仅刻蚀 8min，金纳米粒子阵列便刻蚀进入硅片内部，形成较为均匀分布的纳米孔阵列[图 5.12（c）]。对亚 10nm 硅纳米孔阵列的纳米孔孔径进行统计和分析，结果如图 5.13（a）所示。利用 Image-Pro Plus（版本号为 6.0.0.260，由美国 Media Cybernetics 公司开发）软件测量刻蚀后硅纳米孔的孔径和孔中心距。所统计的 1000 个硅纳米孔的平均孔径为 9.0nm，标准差为 1.5nm，经正态分布拟合，平均孔径 95%置信区间的上下限分别为 9.1nm 和 8.9nm。可以看到，纳米孔的孔径分布均匀，但是硅纳米孔的孔径比金纳米粒子的直径略大，其原因是，在刻蚀过程中，由金纳米粒子催化 H_2O_2 产生的空穴出现了漂移，除了与金纳米粒子底部接触的区域以外，侧壁也被空穴氧化

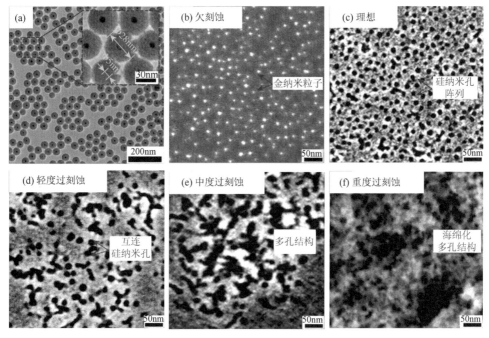

图 5.12　N₊硅片刻蚀过程中硅纳米孔阵列典型形态演变的 SEM 图像

（a）Au@SiO₂ 纳米粒子在 MacEtch 前滴涂在超薄碳膜铜网上形成的 TEM 图像（比例尺为 200nm，插图比例尺为 30nm）；（b）在 H₂O₂ 体积为 0.1ml 的刻蚀剂中刻蚀 60min；（c）在 H₂O₂ 体积为 0.7ml 的刻蚀剂中刻蚀 8min；（d）在 H₂O₂ 体积为 0.7ml 的刻蚀剂中刻蚀 20min；（e）在 H₂O₂ 体积为 1.0ml 刻蚀剂中刻蚀 8min；（f）在 H₂O₂ 体积为 1.0ml 刻蚀剂中刻蚀 20min

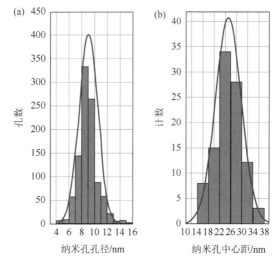

图 5.13　硅纳米孔数据拟合

（a）对图 5.12（c）硅纳米孔孔径的统计直方图和正态分布拟合曲线；（b）对图 5.12（c）纳米孔中心距统计直方图和正态分布拟合曲线

形成 SiO_2 并被 HF 溶解，这使得形成的孔径比金纳米粒子略大。对硅纳米孔中心距进行统计分析如图 5.13（b）所示。相邻硅纳米孔的平均中心距为 25.1nm，标准差为 4.7nm，经正态分布拟合，平均中心距 95%置信区间的上下限分别为 24.2nm 和 26.0nm。可以看到，硅纳米孔的平均中心距略小于 $Au@SiO_2$ 纳米粒子的平均中心距[约 28nm，如图 5.12（a）所示]，且分布偏差略大，其可能的原因是，$Au@SiO_2$ 纳米粒子在外壳去除、金纳米粒子内核沉降过程中，由于外部刻蚀剂流动、温度分布不均匀等干扰，部分金纳米粒子偏离了原来的位置，导致刻蚀后产生的硅纳米孔中心距变小但分布相对分散。

当刻蚀时间延长至 20min 时，硅纳米孔的孔径不断变大，相邻纳米孔特别是中心距较小的纳米孔之间出现了贯通，而中心距较大的纳米孔之间还存在着部分残留，形成多孔结构，但是依然能够看到硅纳米孔的残留，称之为过刻蚀，相对于后面增加 H_2O_2 体积的刻蚀，我们称之为轻度过刻蚀[图 5.12（d）]。如果保持刻蚀时间仍为 8min，我们发现当刻蚀剂中的 H_2O_2 体积提高到 1.0ml 时，原本均匀分布的硅纳米孔也发生了过刻蚀，形成了能够看到残留纳米孔的多孔结构[如图 5.12（e）所示，也称之为中度过刻蚀]。当刻蚀时间继续延长到 20min 时，纳米孔几乎全部被破坏并且看不到纳米孔的原来形貌，形成了更加海绵化的多孔结构，过刻蚀程度更加严重[如图 5.12（f）所示，也称之为重度过刻蚀]。

为了更好地说明在 MacEtch 加工过程中，亚 10nm 硅纳米孔的剖面形态演变过程，我们选取 N_+ 为对象进行 MacEtch 加工。将加工好的硅片用玻璃刀轻划边缘，然后轻轻掰开，贴在剖面台上，进行 SEM 表征。图 5.14 展示了 N_+ 各个参数条件下剖面形态演变过程，欠刻蚀和刻蚀前的硅片剖面一样光滑，如图 5.14（a）所示，由于金纳米粒子催化 H_2O_2 发生还原反应后形成的空穴数量与浓度均不足，金纳米粒子阵列并未刻蚀进入硅片内部，仅在硅片表面留下一层相对均匀分布的金纳米阵列，而剖面观测未有变化。当加工条件参数合适时，金纳米粒子阵列便刻蚀进入硅片内部，形成较为均匀分布的纳米孔阵列[图 5.12（c）]。剖面如图 5.14（b）所示，金纳米粒子沉积到硅片表面，金纳米粒子首先引导刻蚀垂直向下，如图 5.14（c）所示，硅纳米孔的孔径约为 9.2nm，孔的深度约为 63nm，深径比为 6.8：1。但是当其他参数条件不变，刻蚀时间（t）过长时，随着空穴的增多，内部的各个孔之间会被贯通，表面形成多孔结构，剖面形成多孔道汇集结构，刻蚀深度为 78nm，但是依然能够看到个别深孔的残留，如图 5.14（d）所示。当其他参数条件不变，H_2O_2 的体积过量时，也会出现内部孔之间相互打通现象，表面形成多孔结构，剖面形成多孔道汇集结构，刻蚀深度为 127nm，但是也依然能够看到个别深孔的残留，如图 5.14（e）所示。当刻蚀时间（t）过长和 H_2O_2 的体积过量时，孔内部几乎被破坏，表面形成海绵化的多孔结构，剖面形成贯通的多孔道汇集结构，刻蚀深度为 241nm，如图 5.14（f）所示。由此可见，随着空穴的增多和漂移，当孔深度达到 63nm 以后，金纳米粒子在刻蚀过程中产生的气体也会改变金纳米粒子原本的路径，导致孔并不能垂直地往下刻蚀。

由此可见，通过调控刻蚀剂中 H_2O_2 的体积和刻蚀时间，均能够获得分布均匀、孔形较好的亚 10nm 硅纳米孔阵列；H_2O_2 体积和刻蚀时间超出范围均会导致欠刻蚀或者过刻蚀现象的出现。因此，为了更好地控制亚 10nm 硅纳米孔阵列的加工，需要开发一种准确而高效的方法来确定最佳刻蚀加工的主要参数组合。[80]

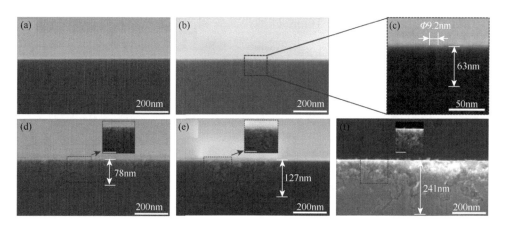

图 5.14　N_+ 硅样品的剖视图

（a）刻蚀前和欠刻蚀；在含 0.7ml H_2O_2 的刻蚀剂中刻蚀 8min（b）和 20min（d）；在含 1.0ml H_2O_2 的刻蚀剂中刻蚀 8min（e）和 20min（f）；（c）为（b）的局部放大图

5.4　单纳米精度硅孔阵列刻蚀加工的机器学习建模

尽管经过十多年的研究，实验参数空间还没有得到充分的探索，以前大多数针对 MacEtch 加工纳米多孔硅（nano porous silicon，NPSi）的研究，包括我们自己的研究，都采取了经验法则（采用低效率的"单因子变量"找最优点）进行优化，尚未形成寻找加工空间的可行理论依据，而且依靠方法发现的最优空间只能保证是局部的，而不是全局的。自从 ML 技术被引入到制造过程中[81]，特别是结合第一性原理和材料实验进行，对于探索出新的材料具有十分重要的指导意义[82-85]。对于复杂反应环境和多维参数空间的实验探索，特别是考虑到最近在应用 ML 回归模型指导有机电子器件制造方面取得的成功[86-87]，ML 有望成为辅助指导 MacEtch 工艺加工硅纳米孔阵列的一种很有前景和成本效益的方法。

ML 的分类算法有很多种类,包括逻辑回归、k 近邻(k-nearest neighbor,KNN)、朴素贝叶斯、决策树、随机森林、支持向量机(support vector machine,SVM)算法和综合分类算法等。SVM 算法是利用核函数将平面投影映射成曲面,它在解决小样本、非线性和高维识别模式方面表现出了许多特有的优异性能[88-89]。

在此,本章提出了一种基于 SVM 算法的 ML 方法,用于探索和优化 MacEtch 工艺在各种硅片上加工亚 10nm 硅纳米孔阵列的多维参数空间(图 5.15)。通过对图 5.10 的实验结果建立 ML 支持向量机分类模型。对实验结果进行分析和训练,并进行交叉验证,模型可以在参数空间中产生可靠的预测。按照模型的预测收集其他实验数据,可以逐步提高模型的准确性。按照这一步骤,我们找到了 MacEtch 加工理想的亚 10nm 硅纳米孔阵列的参数范围,并确定了加工亚 10nm 硅纳米孔阵列三种形貌(欠刻蚀、理想和过刻蚀)的参数空间分布。

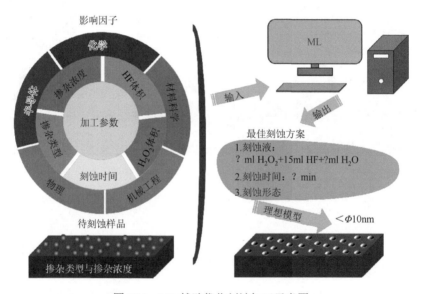

图 5.15　ML 辅助优化刻蚀加工示意图

5.4.1　建模过程

在 MacEtch 工艺加工亚 10nm 硅纳米孔阵列过程中,需要结合物理、化学、材料科学等诸多学科的知识,刻蚀过程主要受到刻蚀剂中 H_2O_2 与 HF 的体积、硅片掺杂类型与掺杂浓度、刻蚀时间(t)等诸多因素的影响,如图 5.16 所示,进行归一化处理后发现各个因素之间的影响是非常复杂的,而这些因素对纳米孔孔径和孔中心距等加工质量的影响十分复杂,无法单纯地从传统实验设计的科学角度进行实验设计与优化。

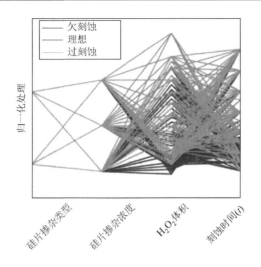

图 5.16 平行坐标图（后附彩图）

因此，在本书中，提出了采用 ML 建立支持向量机分类模型来预测和优化 MacEtch 加工亚 10nm 硅纳米孔阵列的工艺。具体的 ML 建模过程如图 5.17 所示。根据大量实验的经验可知：刻蚀剂中 HF 的体积对刻蚀实验影响较小，因此，本书中所有实验中采用的刻蚀剂包含的 HF 体积都固定为 15ml，再按照如表 5.4 所示对其他 4 个因素（包括 H_2O_2 体积、刻蚀时间 t、硅片掺杂类型和掺杂浓度）进行了多层级设计，开展了共 380 组实验[图 5.18(a)]。再根据图 5.13 的实验结果，将 MacEtch 加工亚 10nm 硅纳米孔阵列的结果（通过 SEM 表征）按照外形形貌分为欠刻蚀、理想和过刻蚀三类。将实验数据拆分为训练数据和测试数据，采用基于三次项式核函数的 SVM 算法对训练数据进行分类训练，并与测试数据进行 10 倍的交叉验证，以降低过度拟合与减小人为的抽样统计误差，具体模型参数训练过程见 5.4.2 节。通过图 5.19(b)可以看出，训练后的模型对于所有分类预测结果的准确率均在 90% 以上，说明模型的分类结果与实验数据的拟合效果良好。

为了进一步确定硅片掺杂类型、硅片掺杂浓度、H_2O_2 体积和刻蚀时间（t）这 4 个因素对刻蚀过程的影响大小，采用去除单个因素后评估模型准确率降低程度的办法[88]，得到了如图 5.18(c)所示的工艺参数对刻蚀过程贡献大小。可以看到，所有的因素中 H_2O_2 体积对硅纳米孔阵列刻蚀加工影响最大，其次是刻蚀时间和硅片掺杂浓度，硅片掺杂类型的影响最小。

为了进一步地确定三类不同实验结果的工艺参数分布范围，对基于三次项式核函数的 SVM 算法分类模型的预测结果进行了切片可视化，如图 5.18(d)所示。为了不失一般性，选取 P 型中度掺杂（P_+）的硅片加工亚 10nm 硅纳米孔阵列的预测结果进行分析，发现过刻蚀结果占了大部分的参数空间，其次是欠刻蚀的参数区域，而理想的参数区域只占很小的一部分。也就是说加工规则的亚 10nm 硅纳米孔阵列的工艺参数窗口是非常狭窄的，利用 ML 对 MacEtch 工艺进行建模，可以非常有效地寻找到符合加工质量要求的工艺参数组合，这对加快加工工艺研发具有很大的促进作用。由于具有这些参数的组合不能完全覆盖所有影响刻蚀方向的条件，因此，在模型的参数训练中未考虑垂直刻蚀的条件。[80]

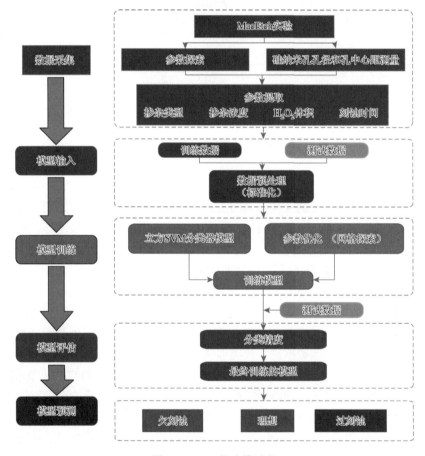

图 5.17　ML 的建模过程

表 5.4　多层级实验设计

因素	类型/参数范围	级别
硅片掺杂类型	N 型掺杂、P 型掺杂	2
硅片掺杂浓度	轻度、中度和重度	3
H_2O_2 体积/ml	0～6	40
刻蚀时间 t/min	1～30	22

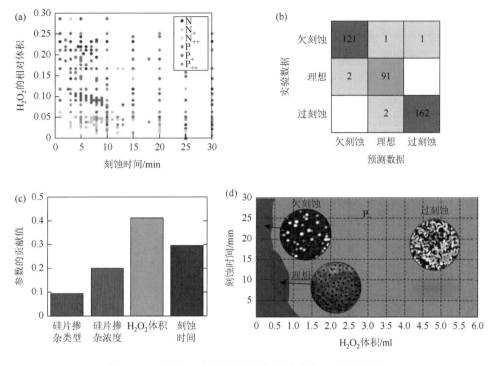

图 5.18 利用 ML 辅助优化最佳刻蚀配方（后附彩图）

（a）原始数据；（b）训练模型的混淆矩阵；（c）亚 10nm 硅纳米孔阵列刻蚀加工参数的贡献值；（d）ML 模型预测的 P₊硅片上亚 10nm 硅纳米孔阵列刻蚀的典型相图

5.4.2 模型参数训练

为了验证预测模型的准确性，本节将从交叉验证与参数优化和评估单因素对刻蚀影响的预测精度两个方面进行进一步的讨论。

（1）交叉验证与参数优化

SVM 算法分类模型使用了多项式核函数，如下：

$$K_{\text{poly}}(x_i, x_j) = \left[\frac{\left(x_i^{\text{T}} x_j\right)}{g^2} + C \right]^q \tag{5.9}$$

在式（5.9）中，自变量 x 是硅片掺杂类型、硅片掺杂浓度、H_2O_2 的体积和刻蚀时间 4 个因素，x_i 为向量输入，x_j 为标签输入，T 为向量转置，q 为人为设定的正整数，而因变量 K_{poly} 是 MacEtch 刻蚀结果对应的三个分类（欠刻蚀、理想和过刻蚀）。重要的是要考虑几个超参数的值：C 即支持向量机（SVM）的惩罚系数，它决定了对错误的容忍度；g 值决定了单个训练实例的影响程度。C 值过大和 g 值过小会导致过度拟合，而过小的 C 值和过大的 g 值会导致拟合不足。

为了降低过度拟合与减小人为的抽样统计误差，采用 10 倍交叉验证的方法来选择超参数的最优值。将输入数据随机分为 10 个大小相等的子样本，其中 9 个子样本作为训练数据，剩余 1 个子样本作为测试模型的验证数据。交叉验证重复 10 次，每个子样本只作为一次验证数据。在此过程中，实现了模型的训练数据和测试数据的分离，可以大大提高模型评价的准确性。

图 5.19 为 C 值与 g 值取不同参数时模型经过 10 次交叉验证的准确率得分。图 5.19（a）表示当 C 值固定不变时，g 值在[0, 20]变化时模型交叉验证的分类准确率变化情况。可以看出，随着 g 值的增加，分类准确率呈现先上升后下降趋势，说明在该参数变化范围里，模型从欠拟合过渡到过拟合，当 g 值取 1 时，达到交叉验证最高的准确率 0.934。

从图 5.19（b）可以看出，当 g 值保持不变，随着 C 值的增加，分类准确率呈先上升后下降的趋势，说明在该参数下模型存在过拟合。考虑到交叉验证和分类误差，以及 ML 的惯例，最终选择了 C 值为 5，以避免在可接受的均衡下出现过拟合。

利用上述超参数，对模型进行了 10 倍的交叉验证，所有分类预测的准确率均在 90%以上，说明模型的分类结果与实验数据的拟合效果好。[80]

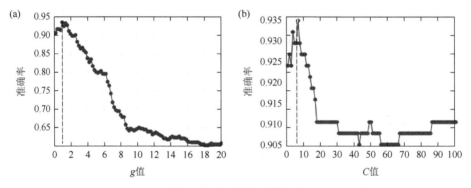

图 5.19　超参数调试情况

（a）g 值变化时模型交叉验证的分类准确率变化情况；（b）C 值变化时模型交叉验证的分类准确率变化情况

（2）评估单因素对刻蚀影响的预测精度

在之前的实验数据中，剔除了一些单因素变量得到的数据，保持之前训练模型中的超参数不变，将剔除处理后的数据当作学习数据，学习完成后，使用前面剔除的数据来进行预测比较。相当于重新做了下面单因素探究的实验，保证了学习数据与预测测试数据的分离。

评估 ML 预测模型中预测 H_2O_2 体积变化对实验结果影响的准确性。如表 5.5 所示，在六种不同的硅片类型的刻蚀实验中，其他变量保持不变，H_2O_2 体积范围为 0.2～6.5ml，取 10～12 个采样点进行 ML 预测与实验结果对比。本次探究结果是，ML 模型除了在 N 型轻度掺杂（N）组中出现了一个错误，其他组均为全部正确。在这次 H_2O_2 探究实验中，ML 的总预测准确性达到 98% 以上。[80]

表 5.5　评估 H_2O_2 体积影响的预测精度

硅片的掺杂类型及掺杂浓度	H_2O_2 体积/ml	正确个数/总数	准确率/%	整体准确率（正确个数/总数）
N	2.5~6.5	9/10	90	
N+	0.35~4.00	11/11	100	
N++	0.2~2.5	10/10	100	>98%（61/62）
P	1.0~5.0	11/11	100	
P+	0.5~5.5	10/10	100	
P++	0.3~5.0	10/10	100	

同理，ML 预测模型中预测刻蚀时间（t）变化对实验结果影响的准确性。如表 5.6 所示，在六种不同的硅片类型的刻蚀实验中，其他变量保持不变，在刻蚀反应时间范围为 1~30min，取 10~12 个采样点进行 ML 预测与实验结果对比。本次探究结果是，ML 模型除了在 N 型轻度掺杂（N）组、N 型重度掺杂（N++）组、P 型轻度掺杂（P）组中各出现了一个错误，其他组均为全部正确。在这次刻蚀时间（t）探究实验中，ML 的总预测准确性达到 95% 以上。[80]

表 5.6　评估刻蚀时间（t）影响的预测精度

硅片的掺杂类型及掺杂浓度	刻蚀时间/min	正确个数/总数	准确率/%	整体准确率（正确个数/总数）
N	1~25	10/11	91	
N+	1~30	11/11	100	
N++	3~25	9/10	90	>95%（62/65）
P	1~25	9/10	90	
P+	1~25	12/12	100	
P++	1~30	11/11	100	

5.4.3　预测模型

为了更好地确定实验结果类型分类的参数分布范围，我们对 SVM 算法分类模型进行了切片可视化。我们按照硅片掺杂类型与掺杂浓度对数据进行排序，在不同的硅片类型和掺杂浓度水平下生成子图，如图 5.20 所示，以 H_2O_2 体积为 X 轴，刻蚀时间（t）为 Y 轴。根据不同的硅片掺杂类型，分为 N 型掺杂硅片和 P

型掺杂硅片。图 5.18（d）和图 5.20（a）～图 5.20（e）颜色的类型代表了该分类模型所预测的类型，图中有三种颜色，深灰色代表欠刻蚀结果，中灰色代表理想结果，浅灰色代表过刻蚀结果。

图 5.20 为不同掺杂类型与掺杂浓度硅片上加工亚 10nm 硅纳米孔阵列的可视化预测结果。可以看到，在其他条件不变的情况下，不论 P 型硅片还是 N 型硅片，随着硅片中掺杂浓度的增加，过刻蚀结果的参数分布范围大大增加，而理想参数结果与欠刻蚀结果的参数分布范围都相对减少，如图 5.18（d）和图 5.20（a）～图 5.20（e）所示。特别是理想参数分布范围的相对面积，仅占整个参数分布区间的不到 6%[图 5.20（f）]，可以发现，随着掺杂浓度增加，相比 N 型硅片，P型硅片的理想参数分布范围的相对面积减小得更快[图 5.20（f）]，说明在加工亚 10nm 硅纳米孔阵列时 P 型硅片对掺杂浓度更加敏感。

从 ML 预测模型可知，过量的 H_2O_2 体积也通常导致过刻蚀结果。随着硅片掺杂浓度的增加，加工出规则亚 10nm 硅纳米孔阵列所需的刻蚀时间窗口锐减，说明在刻蚀剂配制过程中对 H_2O_2 体积的控制要求更加严格。通常延长刻蚀时间也容易导致过刻蚀的出现，且随着硅片掺杂浓度的增加，加工出规则亚 10nm 硅纳米孔阵列所需的刻蚀时间窗口在适当变大。而考虑到在加工过程中，采用如移液枪等仪器能够很好地控制 H_2O_2 的体积，但是由于涉及到取出样品、清洗和干燥等多个环节，且硅纳米孔中刻蚀剂难以快速去除，要非常精确地控制刻蚀加工时间非

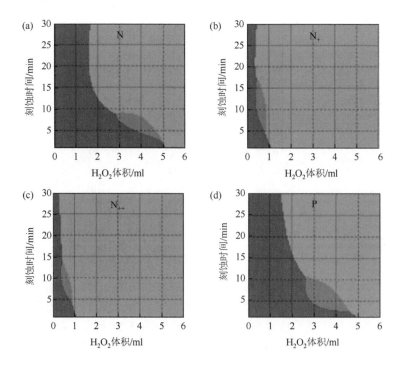

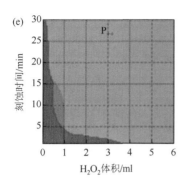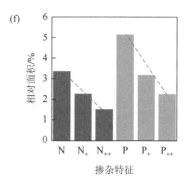

图 5.20　ML 模型预测的参数空间分类切片

（a）N 预测结果；（b）N₊预测结果；（c）N₊₊预测结果；（d）P 预测结果；（e）P₊₊预测结果；（f）Si 样品掺杂特征与理想结果的相对面积之间的关系

常困难，在加工亚 10nm 硅纳米孔阵列时，可以考虑精确控制好刻蚀剂配比从而为工艺操作留下一定的时间裕度，降低加工难度。

基于 SVM 算法的 ML 模型预测，我们可以知道，加工规则亚 10nm 硅纳米孔阵列的参数范围是非常狭窄的。适当地利用 ML 对 MacEtch 工艺进行建模，可以非常有效地寻找规则亚 10nm 硅纳米孔阵列的加工条件参数，对这种制造工艺的发展有很大的促进作用。[80]

5.4.4　模型验证

根据 ML 预测的结果，从图 5.20 中选择相应的刻蚀工艺参数进行 MacEtch 实验，以验证 ML 模型的准确性，并获得不同掺杂情况的硅片欠刻蚀、理想和过刻蚀三种典型情况的代表性结果。

图 5.21 展示了根据 ML 预测结果在 N 型轻度掺杂（N）和 N 型重度掺杂（N₊₊）的硅片上刻蚀加工亚 10nm 硅纳米孔阵列的结果。与 ML 预测结果相同，当 N 型轻度掺杂（N）的硅片在含有 0.5ml H_2O_2 的刻蚀剂中刻蚀 30min 时，硅片上并未刻蚀出任何微结构；在外壳 SiO_2 被刻蚀剂中的 HF 溶解后，内核的金纳米粒子沉降到硅片表面，在硅片表面形成了相对均匀分布的金纳米粒子阵列[图 5.21（a）]。当刻蚀剂中的 H_2O_2 体积提升到 4.0ml，但刻蚀时间（t）缩短为 5min 时，在硅片表面加工出了与预测结果相同的均匀分布的亚 10nm 硅纳米孔阵列[图 5.21（b）]。当 H_2O_2 体积和刻蚀时间任一单因素超出 ML 模型预测出来的合适工艺参数窗口时，如当刻蚀时间延长到 15min 时或者 H_2O_2 体积提高到 6.0ml，均出现过刻蚀结果，在硅片上形成了相邻纳米孔贯通的多孔结构[图 5.22（a）和图 5.22（b）]。显然，当 H_2O_2 体积和刻蚀时间均超出 ML 模型预测出来的合适工艺参数窗口，如

H_2O_2 体积提高到 6.0ml 且刻蚀时间（t）延长到 15min 时，形成了过刻蚀情况更加严重的海绵化多孔结构[图 5.21（c）]。

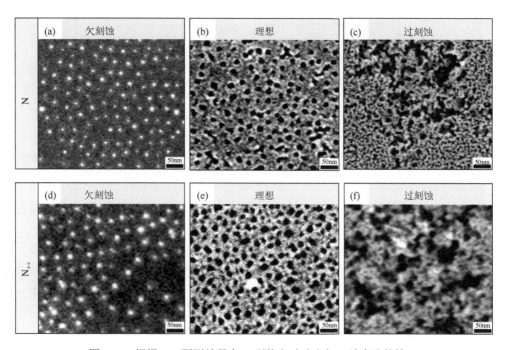

图 5.21　根据 ML 预测结果在 N 型掺杂硅片上加工纳米孔的情况

（a）N 型轻度掺杂（N）的硅片在 H_2O_2 体积为 0.5ml 的刻蚀剂中刻蚀 30min；（b）N 型轻度掺杂（N）的硅片在 H_2O_2 体积为 4.0ml 的刻蚀剂中刻蚀 5min；（c）N 型轻度掺杂（N）的硅片在 H_2O_2 体积为 6.0ml 的刻蚀剂中刻蚀 15min；（d）N 型重度掺杂（N_{++}）的硅片在 H_2O_2 体积为 0.1ml 刻蚀剂中刻蚀 30min；（e）N 型重度掺杂（N_{++}）的硅片在 H_2O_2 体积为 0.5ml 的刻蚀剂中刻蚀 8min；（f）N 型重度掺杂（N_{++}）的硅片在 H_2O_2 体积为 1.0ml 的刻蚀剂中刻蚀 20min

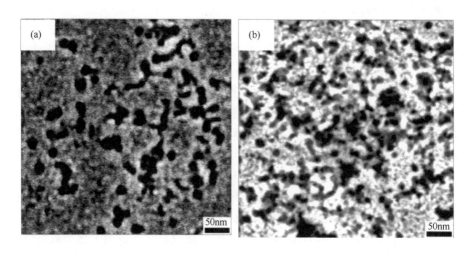

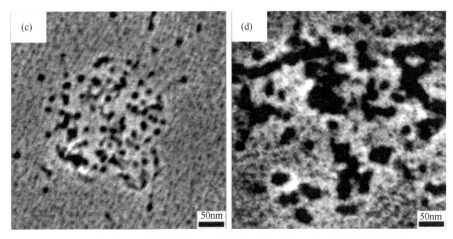

图 5.22　根据 ML 预测结果在 N 型掺杂硅片上加工纳米孔的补充情况

N 型轻度掺杂（N）的硅片：在（a）H_2O_2 体积为 4.0ml 的刻蚀剂中刻蚀 15min；在（b）H_2O_2 体积为 6.0ml 的刻蚀剂中刻蚀 5min。N 型重度掺杂（N_{++}）的硅片：在（c）H_2O_2 体积为 0.5ml 的刻蚀剂中刻蚀 20min；在（d）H_2O_2 体积为 1.0ml 的刻蚀中刻蚀 8min

　　相同的情况也发生在 N 型重度掺杂（N_{++}）的硅片刻蚀中。在 ML 模型预测的欠刻蚀情况所在的工艺参数窗口内，如在含有 0.1ml H_2O_2 的刻蚀剂中刻蚀 30min 时，硅片表面未出现微结构，仅形成分布相对均匀的金纳米粒子阵列[图 5.21（d）]。当刻蚀剂中的 H_2O_2 体积提升到 0.5ml，但刻蚀时间（t）缩短为 8min 时，在硅片表面加工出了与预测结果相同的均匀分布的亚 10nm 硅纳米孔阵列[图 5.21（e）]。但是，在含有 0.5ml H_2O_2 的刻蚀剂中刻蚀时间（t）延长至 20min，或者刻蚀时间（t）不变，刻蚀剂中 H_2O_2 体积提高至 1.0ml 时，N 型重度掺杂（N_{++}）的硅片均出现过刻蚀结果，在硅片上形成了相邻纳米孔贯通的多孔结构[图 5.22（c）和图 5.22（d）]。而当 H_2O_2 体积提高到 1.0ml 且刻蚀时间延长到 20min 时，形成了过刻蚀情况更加严重的海绵化多孔结构[图 5.21（f）]。[80]

　　图 5.23 展示了根据 ML 预测结果在 P 型不同掺杂程度硅片上刻蚀加工亚 10nm 硅纳米孔阵列的结果。当 P 型轻度掺杂、中度掺杂和重度掺杂（P、P_+和P_{++}）的硅片分别在 H_2O_2 体积为 0.5ml、0.3ml 和 0.1ml 的刻蚀剂中刻蚀 30min 时，均仅在硅片表面留下一层金纳米粒子阵列[图 5.23（a）、图 5.23（d）和图 5.23（g）]。随着 H_2O_2 体积的增加，硅片开始被刻蚀。如 P 型轻度掺杂（P）的硅片在 H_2O_2 体积为 3.0ml 的刻蚀剂中刻蚀 8min[*]时，P 型中度掺杂（P_+）的硅片在 H_2O_2 体积为 1.5ml 的刻蚀剂中刻蚀 8min 时，P 型重度掺杂（P_{++}）的硅片在 H_2O_2 体积为 0.7ml 的刻蚀剂中刻蚀 8min 时，在所有的硅片表面均刻蚀加工出均匀分布的亚 10nm 硅

----

　　* 文献[80]中刻蚀时间 4min 为作者笔误，本书对刻蚀时间进行改正。

纳米孔阵列[图 5.23（b）、图 5.23（e）和图 5.23（h）]。可以明显看到，同一硅片掺杂类型条件下，硅片的掺杂浓度越高，加工出刻蚀高质量的纳米孔阵列所需要的 H_2O_2 体积越小。随着刻蚀时间（t）的增加，如当上述三种情况的刻蚀时间（t）均延长至 20min 时，硅纳米孔边缘逐渐被破坏，形成了多孔结构[图 5.24（a）、图 5.24（c）和图 5.24（e）]。如当上述三种情况的刻蚀时间（t）保持不变，仅提高刻蚀剂中的 H_2O_2 体积时，原来均匀分布的纳米孔阵列同样也被破坏呈现出多孔结构[图 5.24（b）、图 5.24（d）和图 5.24（f）]。当刻蚀剂中 H_2O_2 体积和刻

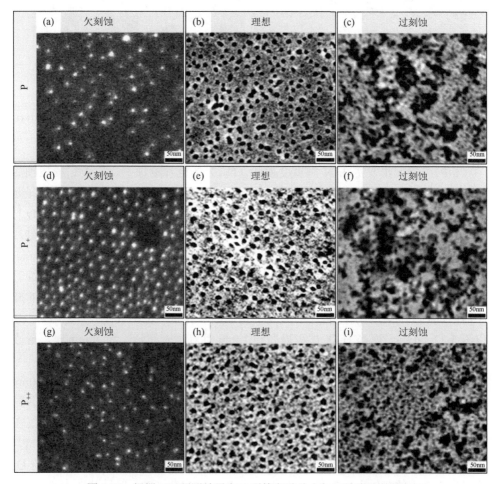

图 5.23　根据 ML 预测结果在 P 型掺杂硅片上加工纳米孔的情况

（a）P 型轻度掺杂（P）的硅片在 H_2O_2 体积为 0.5ml 的刻蚀剂中刻蚀 30min；（b）P 型轻度掺杂（P）的硅片在 H_2O_2 体积为 3.0ml 的刻蚀剂中刻蚀 8min；(c)P 型轻度掺杂（P）的硅片在 H_2O_2 体积为 5.0ml 的刻蚀剂中刻蚀 20min；（d）P 型中度掺杂（P_+）的硅片在 H_2O_2 体积为 0.3ml 的刻蚀剂中刻蚀 30min；（e）P 型中度掺杂（P_+）的硅片在 H_2O_2 体积为 1.5ml 的刻蚀剂中刻蚀 8min；(f)P 型中度掺杂（P_+）的硅片在 H_2O_2 体积为 3.0ml 的刻蚀剂中刻蚀 20min；（g）P 型重度掺杂（P_{++}）的硅片在 H_2O_2 体积为 0.1ml 刻蚀剂中刻蚀 30min；（h）P 型重度掺杂（P_{++}）的硅片在 H_2O_2 体积为 0.7ml 的刻蚀剂中刻蚀 8min；（i）P 型重度掺杂（P_{++}）的硅片在 H_2O_2 体积为 1.0ml 的刻蚀剂中刻蚀 20min

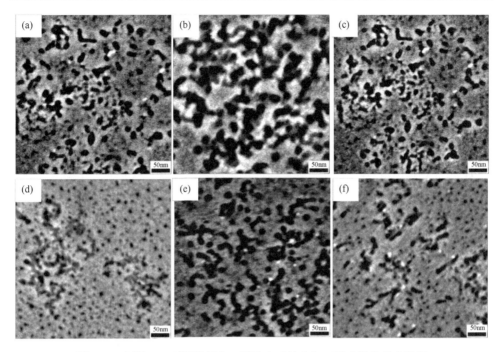

图 5.24 根据 ML 预测结果在 P 型掺杂硅片上加工纳米孔的补充情况

P 型轻度掺杂（P）的硅片：在（a）H_2O_2 体积为 3.0ml 的刻蚀剂中刻蚀 20min；（b）H_2O_2 体积为 5.0ml 的刻蚀剂中刻蚀 8min。P 型中度掺杂（P_+）的硅片：在（c）H_2O_2 体积为 1.5ml 的刻蚀剂中刻蚀 20min；（d）在 H_2O_2 体积为 3.0ml 的刻蚀剂中刻蚀 8min。P 型重度掺杂（P_{++}）的硅片：在（e）H_2O_2 体积为 0.7ml 的刻蚀剂中刻蚀 20min；（f）H_2O_2 体积为 1.0ml 的刻蚀剂中刻蚀 8min

蚀时间（t）都增加时，如 P 型轻度掺杂（P）的硅片在 H_2O_2 体积为 5.0ml 的刻蚀剂中刻蚀 20min 时，P 型中度掺杂（P_+）的硅片在 H_2O_2 体积为 3.0ml 的刻蚀剂中刻蚀 20min 时，P 型重度掺杂（P_{++}）的硅片在 H_2O_2 体积为 1.0ml 的刻蚀剂中刻蚀 20min 时，硅纳米孔全部被破坏，形成了海绵状多孔结构[图 5.23（c）、图 5.23（f）和图 5.23（i）]。[80]

通过上述分析，结合 MacEtch 实验结果和基于 SVM 算法的 ML 模型预测，我们可以知道，ML 预测与 MacEtch 实验结果的一致性表明了 ML 预测模型的准确性，为后续获得最佳优化加工条件参数组合提供了依据。

5.4.5 结果预测

为了提高加工规则亚 10nm 硅纳米孔阵列的成功率，根据 ML 预测模型以及实验验证，得到刻蚀加工规则亚 10nm 硅纳米孔阵列的最佳优化参数组合方案，如表 5.7 所示。当硅片参数为 N 时，加工出理想亚 10nm 硅纳米孔阵列所需 H_2O_2 体积范围为 2.8~4.9ml，刻蚀时间范围为 3~9min；当硅片参数为 N_+ 时，加工出理想亚 10nm 硅纳米孔阵列所需 H_2O_2 体积范围为 0.4~0.9ml，刻蚀时间范围为 5~17min；当硅片参数为 N_{++} 时，加工出理想亚 10nm 硅纳米孔阵列所需 H_2O_2 体积范围为 0.2~0.9ml，刻蚀时间范围为 4~13min；当硅片参数为 P 时，加工出理想亚 10nm 硅纳米孔阵列所需 H_2O_2 体积范围为 2.6~4.5ml，刻蚀时间范围为 3~12min；当硅片参数为 P_+ 时，加工出理想的亚 10nm 硅纳米孔阵列所需 H_2O_2 体积范围为 0.4~0.9ml，刻蚀时间范围为 5~17min；当硅片参数为 P_{++} 时，加工出理想亚 10nm 硅纳米孔阵列所需 H_2O_2 体积范围为 0.5~1.0ml，刻蚀时间范围为 5~16min。值得注意的是，当 H_2O_2 体积在范围右侧时，对应的刻蚀时间在范围左侧，反之亦然。通过 ML 辅助优化 MacEtch 加工条件参数组合，为加工出规则亚 10nm 硅纳米孔阵列指明了前进的方向。

综上所述，在 MacEtch 加工纳米结构方面，得到一些关于如何从整体性上去设计刻蚀加工条件参数的启示：过量的 H_2O_2 体积通常会导致过刻蚀，呈现多孔结构；随着 Si 片掺杂浓度的增加，加工规则的亚 10nm 硅纳米孔阵列所需的刻蚀时间窗口急剧减少，这说明在刻蚀剂设计过程中对 H_2O_2 体积的控制应该更加严格；通常延长刻蚀时间（t）也容易导致过刻蚀的出现，且随着硅片掺杂浓度的增加，加工出规则亚 10nm 硅纳米孔阵列所需的刻蚀时间窗口在适当变大；在 MacEtch 加工亚 10nm 硅纳米孔阵列时，精准控制刻蚀剂的配比，为工艺操作留下一定的时间余量，从而降低加工难度；利用 ML 对 MacEtch 工艺进行建模，可以非常有效地加快寻找规则亚 10nm 硅纳米孔阵列的加工条件参数，对该制造工艺的发展有很大的促进作用。[80]

表 5.7　最佳优化条件参数组合

硅片掺杂类型与掺杂浓度	H_2O_2 体积/ml	刻蚀时间/min
N	2.8~4.9	3~9
N_+	0.4~0.9	5~17
N_{++}	0.2~0.9	4~13
P	2.6~4.5	3~12
P_+	1.1~2.5	5~17
P_{++}	0.5~1.0	5~16

5.5　单纳米精度硅孔阵列刻蚀加工的机理

为了更好地揭示刻蚀加工背后的机理，本节结合了密度泛函理论（density functional theory，DFT）进行建模分析。

利用 Quantum ATK 对 Au/Si（100）界面的几何形状进行了建模。根据本书使用的硅片参数，在硅电极上加入 $10^{17} \sim 10^{19}$e/cm^3 的 N 型掺杂浓度（N、N$_+$和 N$_{++}$）。在硅片掺杂浓度为 10^{19}e/cm^3 时，相应的耗尽层长度为 135Å 左右[90]。因此，硅电极的长度设定为 140Å，金电极的长度设定为 26Å。为了保证计算的收敛性，当硅片掺杂浓度降低到 10^{17}e/cm^3 和 10^{18}e/cm^3 时，Si 电极的长度分别相应延长到 300Å 和 500Å。采用带有 LDA 的 ATK-DFT 计算器进行器件松弛，k 点网格设置为 4×4×401，而力和应力公差分别设置为 0.01eV/Å 和 0.001eV/Å^3。为了计算平均哈特里差势能（ΔV_H）和预测的局部态密度，以及准确地描述半导体和绝缘体的带隙，我们使用了 TB09meta-GGA 函数[91]。在进行预测的局部态密度计算时，能量范围设置在 –2～2eV，采用具有 401 个能量点的 9×9 k 点网格。计算后，用平均哈特里差势能的宏观平均值来衡量。

因此，从能带弯曲与晶格缺陷理论结合实际刻蚀结果来看，我们发现：对于同一掺杂类型的硅片（无论是 N 型还是 P 型），随着硅片掺杂浓度的增加，刻蚀出规则的亚 10nm 硅纳米孔阵列所需的刻蚀剂中 H$_2$O$_2$ 体积越低，其原因是：一方面，硅片掺杂浓度越高，金纳米粒子与硅片之间形成的耗尽层的长度越短，从而导致能带弯曲程度更加严重（图 5.25），有利于通过金纳米粒子催化 H$_2$O$_2$ 发生还原反应产生的空穴聚集在金纳米粒子与硅片接触的位置，从而提高该位置的空穴浓度，有助于促进刻蚀反应的发生与刻蚀速率[92-93]；另外，硅片掺杂浓度越高，晶格中引入的缺陷就越多[94]，在掺杂位点越容易发生刻蚀反应。研究发现，在硅片同一掺杂浓度下，不同硅片的掺杂类型刻蚀加工所需的 H$_2$O$_2$ 体积不同；N 型掺杂的硅片上刻蚀加工出规则的亚 10nm 硅纳米孔阵列所需要的 H$_2$O$_2$ 体积比 P 型掺杂硅片刻蚀少[92, 94]，说明 N 型硅片对于 H$_2$O$_2$ 浓度更加敏感。[80]

为后续利用 ML 辅助优化刻蚀加工条件参数，进一步研究影响刻蚀加工主要参数[硅片掺杂类型和掺杂浓度、HF 体积、H$_2$O$_2$ 体积和刻蚀时间（t）]对纳米孔形态的影响规律。

使用的硅片掺杂类型，按照掺杂元素的不同可以分为 P 型和 N 型。N 型和 P 型同样具有不同的掺杂浓度，但它们在半导体工业中同样重要。Pinna 等[95]的研究表明不同掺杂类型的硅片会影响刻蚀的速率和刻蚀的形状。同样地，每种掺杂类型的硅片分为不同的掺杂浓度（轻度、中度和重度），不同掺杂浓度同样也会影响硅纳米孔阵列的最终形态。在刻蚀反应过程中，使用的 H$_2$O$_2$ 体积会影响其在贵金属表面被还原产生空穴并向 Au/Si（100）界面注入空穴的数量与速率，进而影响到刻蚀反应发生和刻蚀反应初步进行时消耗 Si 的形状。而 HF 的体积影响到硅氧化物的溶解速率，进而影响刻蚀反应的进行。同样地，刻蚀时间（t）也影响着 MacEtch 加工的刻蚀程度，刻蚀时间（t）的设置与 H$_2$O$_2$ 体积和 HF 的体积密切相关。

　　由于存在多个影响因素[刻蚀剂中的 H_2O_2 与 HF 体积、硅片掺杂类型与掺杂浓度、刻蚀时间（t）等]，不仅各个因素之间有所关联，而且各个参数之间的影响是非常复杂的，无法单纯地从传统实验设计的科学角度进行实验设计与优化。这给探究加工亚 10nm 硅纳米孔阵列最佳加工参数条件带来了极大的挑战。因此，亟须开发一种新的方法来辅助优化刻蚀加工亚 10nm 硅纳米孔阵列工艺。[80]

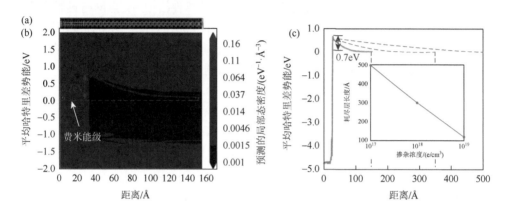

图 5.25　Au/Si（100）界面的能带弯曲图

（a）几何模型；（b）界面的平均哈特里差势能和预测的局部态密度，两者都表明肖特基势垒高度约为 0.7eV，与实验结果（0.76eV）[94]非常接近；（c）硅片掺杂浓度对能带的影响，当硅片掺杂浓度增加时，能带弯曲更严重

5.6　小　　结

　　本章在初步刻蚀主要影响因素（硅片掺杂类型和掺杂浓度、HF 体积、H_2O_2 体积和刻蚀时间）对硅孔形态影响规律的基础上，采用了 ML 辅助优化初步刻蚀主要影响因素，获得了最终主要影响因素（硅片掺杂类型和掺杂浓度、H_2O_2 体积和刻蚀时间）；通过建立基于 SVM 算法的 ML 预测模型，并结合实验验证，获得了在不同硅晶圆上加工出理想硅纳米孔阵列的狭窄工艺参数窗口；最后，得到了刻蚀加工规则亚 10 nm 硅纳米孔阵列的最佳优化参数组合方案。

参 考 文 献

[1]　Ki B，Song Y，Choi K，et al. Chemical imprinting of crystalline silicon with catalytic metal stamp in etch bath[J]. ACS Nano，2017，12（1）：609-616.

[2]　Han H，Huang Z P，Lee W. Metal-assisted chemical etching of silicon and nanotechnology applications[J]. Nano Today，2014，9（3）：271-304.

[3]　Kim S H，Mohseni P K，Song Y，et al. Inverse metal-assisted chemical etching produces smooth high aspect ratio InP nanostructures[J]. Nano Letters，2014，15（1）：641-648.

[4]　Aachboun S，Ranson P. Deep anisotropic etching of silicon[J]. Journal of Vacuum Science & Technology A，1999，

17（4）：2270-2273.

[5]　Lai R A，Hymel T M，Narasimhan V K，et al. Schottky barrier catalysis mechanism in metal-assisted chemical etching of silicon[J]. ACS Applied Materials & Interfaces，2016，8（14）：8875-8879.

[6]　Wilhelm T S，Soule C W，Baboli M A，et al. Fabrication of suspended Ⅲ-Ⅴ nanofoils by inverse metal-assisted chemical etching of In0.49Ga0.51P/GaAs heteroepitaxial films[J]. ACS Applied Materials & Interfaces，2018，10（2）：2058-2066.

[7]　Partovi A，Peale D，Wuttig M，et al. High-power laser light source for near-field optics and its application to high-density optical data storage[J]. Applied Physics Letters，1999，75（11）：1515-1517.

[8]　Mitsuhashi Y. Optical storage：Science and technology[J]. Japanese Journal of Applied Physics，1998，37：2079-2083.

[9]　van den Berg A，Wessling M. Nanofluidics：Silicon for the perfect membrane[J]. Nature，2007，445：726.

[10]　Shi D C，Chen Y，Chen Y H，et al. Backside ultraviolet illumination enhanced metal-assisted chemical etching for high-aspect-ratio silicon microstructures[C]//2020 21st International Conference on Electronic Packaging Technology，Guangzhou，2020.

[11]　Chen Y，Shi D C，Chen Y H，et al. A facile，low-cost plasma etching method for achieving size controlled non-close-packed monolayer arrays of polystyrene nano-spheres[J]. Nanomaterials，2019，9（4）：605.

[12]　Chen Y，Zhang C，Li L Y，et al. Hybrid anodic and metal-assisted chemical etching method enabling fabrication of silicon carbide nanowires[J]. Small，2019，15（7）：1803898.

[13]　Chen Y，Zhang C，Li L Y，et al. Fabricating and controlling silicon zigzag nanowires by diffusion-controlled metal-assisted chemical etching method[J]. Nano Letters，2017，17（7）：4304-4310.

[14]　Chen Y，Li L Y，Zhang C，et al. Controlling kink geometry in nanowires fabricated by alternating metal-assisted chemical etching[J]. Nano Letters，2017，17（2）：1014-1019.

[15]　Chen Y，Zhang C，Li L Y，et al. Effects of defects on the mechanical properties of kinked silicon nanowires[J]. Nanoscale Research Letters，2017，12：185.

[16]　Kasianowicz J J，Brandin E，Branton D，et al. Characterization of individual polynucleotide molecules using a membrane channel[J]. Biophysics and Computational Biology，93（24）：13770-13773.

[17]　Miles B N，Ivanov A P，Wilson K A，et al. Single molecule sensing with solid-state nanopores：Novel materials，methods，and applications[J]. Chemical Society Reviews，2013，42：15-28.

[18]　Nakane J J，Akeson M，Marziali A. Nanopore sensors for nucleic acid analysis[J]. Journal of Physics Condensed Matter，2003，15（32）：R1365-R1393.

[19]　Miles B N，Ivanov A P，Wilson K A，et al. Single molecule sensing with solid-state nanopores：Novel materials，methods，and applications[J]. Chemical Society Reviews，2013，42：15-28.

[20]　Nir I，Huttner D，Meller A. Direct sensing and discrimination among ubiquitin and ubiquitin chains using solid-state nanopores[J]. Biophysical Journal，2015，108（9）：2340-2349.

[21]　Gracheva M E，Aksimentiev A，Leburton J P. Electrical signatures of single-stranded DNA with single base mutations in a nanopore capacitor[J]. Nanotechnology，2006，17：3160-3165.

[22]　Lagerqvist J，Zwolak M，Di Ventra M. Fast DNA sequencing via transverse electronic transport[J]. Nano Letters，2006，6（4）：779-782.

[23]　Aksimentiev A，Heng J B，Timp G，et al. Microscopic kinetics of DNA translocation through synthetic nanopores[J]. Biophysical Journal，2004，87（3）：2086-2097.

[24]　Deng T，Li M W，Wang Y F，et al. Development of solid-state nanopore fabrication technologies[J]. Science

Bulletin，2015，60（3）：304-319.

[25] 邓涛. 硅基纳米孔阵列制造技术基础研究[D]. 北京：清华大学，2015.

[26] Parlak O，Keene S T，Marais A，et al. Molecularly selective nanoporous membrane-based wearable organic electrochemical device for noninvasive cortisol sensing[J]. Science Advances，2018，4：2904.

[27] Wang Q G，Han W K，Wang Y F，et al. Tape nanolithography: A rapid and simple method for fabricating flexible, wearable nanophotonic devices[J]. Microsystems & Nanoengineering，2018，4（1）：105-116.

[28] Kang S M，Jang S，Lee J K，et al. Moth-eye TiO$_2$ layer for improving light harvesting efficiency in perovskite solar cells[J]. Small，2016，12（18）：2443-2449.

[29] Hu R，Rodrigues J V，Waduge P，et al. Differential enzyme flexibility probed using solid-state nanopores[J]. ACS Nano，2018，12（5）：4494-4502.

[30] Li J L，Stein D，McMullan C，et al. Ion-beam sculpting at nanometre length scales[J]. Nature，2001，412：166-169.

[31] Tong H D，Jansen H V，Gadgil V J，et al. Silicon nitride nanosieve membrane[J]. Nano Letters，2004，4（2）：283-287.

[32] 张鹏程，温秋玲，姜峰，等. 纳米孔阵列加工技术研究进展[J]. 机械工程学报，2020，56（9）：223-233.

[33] Bai Z T，Zhang L，Li H Y，et al. Nanopore creation in graphene by ion beam irradiation: Geometry，quality，and efficiency[J]. ACS Applied Materials & Interfaces，2016，8（37）：24803-24809.

[34] Deng Y S，Huang Q M，Zhao Y，et al. Precise fabrication of a 5 nm graphene nanopore with a helium ion microscope for biomolecule detection[J]. Nanotechnology，2016，28（4）：045302.

[35] Sawafta F，Clancy B，Carlsen A T，et al. Solid-state nanopores and nanopore arrays optimized for optical detection[J]. Nanoscale，2014，6：6991-6996.

[36] Kuan A T，Golovchenko J A. Nanometer-thin solid-state nanopores by cold ion beam sculpting[J]. Applied Physics Letters，2012，100：213104.

[37] Verner H，Gurvinder S，He J Y，et al. Focused ion beam milling of self-assembled magnetic superstructures: An approach to fabricate nanoporous materials with tunable porosity[J]. Materials Horizons，2019，6（2）：412-413.

[38] Fürjes P. Controlled focused ion beam milling of composite solid state nanopore arrays for molecule sensing[J]. Micromachines，2019，10：774.

[39] Md Ibrahim N N N，Hashim A M. Fabrication of Si micropore and graphene nanohole structures by focused ion beam[J]. Sensors，2020，20（6）：1572.

[40] Sabili S N，Hafizal Y，Fauzan A. The effect of depth on fabrication of nanopore using one-step focused ion beam milling for DNA sequencing application[C]//2020 IEEE International Conference on Semiconductor Electronics，Kuala Lumpur，2020.

[41] Storm A J，Ling X S，Chen J H，et al. Fabrication of solid-state nanopores with single-nanometre precision[J]. Nature Materials，2003，2：537-540.

[42] Chan H，Iqbal S M，Stach E A，et al. Fabrication and characterization of solid-state nanopores using a field emission scanning electron microscope[J]. Applied Physics Letters，2006，88：103109.

[43] Yuan Z S，Lei X，Wang C Y. Controllable fabrication of solid state nanopores array by electron beam shrinking[J]. International Journal of Machine Tools & Manufacture，2020，159：103623.

[44] He X D，Tang Z F，Liang S F，et al. Confocal scanning photoluminescence for mapping electron and photon beam-induced microscopic changes in SiN$_x$ during nanopore fabrication[J]. Nanotechnology，2020，31（39）：395202.

[45] Apel P Y. Fabrication of functional micro-and nanoporous materials from polymers modified by swift heavy

ions[J]. Radiation Physics and Chemistry，2019，159：25-34.

[46]　Apel P Y，Ramirez P，Blonskaya I V，et al. Accurate characterization of single track-etched，conical nanopores[J]. Physical Chemistry Chemical Physics，2014，16：15214-15223.

[47]　Kocer A，Tauk L，Déjardin P. Nanopore sensors：From hybrid to abiotic systems[J]. Biosensors and Bioelectronics，2012，38（1）：1-10.

[48]　Metz S，Trautmann C，Bertsch A，et al. Polyimide microfluidic devices with integrated nanoporous filtration areas manufactured by micromachining and ion track technology[J]. Journal of Micromechanics and Microengineering，2004，14：324-331.

[49]　Han A，Schürmann G，Mondin G，et al. Sensing protein molecules using nanofabricated pores[J]. Applied Physics Letters，2006，88：093901.

[50]　Malekian B，Xiong K，Kang E S H，et al. Optical properties of plasmonic nanopore arrays prepared by electron beam and colloidal lithography[J]. Nanoscale Advances，2019，1：4282-4289.

[51]　Nam S，Rooks M J，Kim K，et al. Ionic field effect transistors with sub-10 nm multiple nanopores[J]. Nano Letters，2009，9（5）：2044-2048.

[52]　Wu Y F，Yao Y，Cheong S，et al. Selectively detecting attomolar concentrations of proteins using gold lined nanopores in a nanopore blockade sensor[J]. Chemical Science，2020，11：12570-12579.

[53]　Masuda H，Fukuda K. Ordered metal nanohole arrays made by a two-step replication of honeycomb structures of anodic alumina[J]. Science，1995，268：1466-1468.

[54]　Kim D A，Im S I，Whang C M，et al. Structural and optical features of nanoporous silicon prepared by electrochemical anodic etching[J]. Applied Surface Science，2004，230：125-130.

[55]　Domagalski J T，Perez E X，Marsal L F. Recent advances in nanoporous anodic alumina：Principles，engineering，and applications[J]. Nanomaterials，2021，11：430.

[56]　Chilimoniuk P，Socha R P，Czujko T. Nanoporous anodic aluminum-iron oxide with a tunable band gap formed on the FeAl$_3$ intermetallic phase[J]. Materials，2020，13：3471.

[57]　Santos A，Kumeria T，Losic D. Nanoporous anodic aluminum oxide for chemical sensing and biosensors[J]. Trends in Analytical Chemistry，2013，44：25-38.

[58]　Zamrik I，Bayat H，Alhusaini Q，et al. In situ study of layer-by-layer polyelectrolyte deposition in nanopores of anodic aluminum oxide by reflectometric interference spectroscopy[J]. Langmuir，2020，36（8）：1907-1915.

[59]　James T，Kalinin Y V，Chan C C，et al. Voltage-gated ion transport through semiconducting conical nanopores formed by metal nanoparticle-assisted plasma etching[J]. Nano Letters，2012，12：3437-3442.

[60]　Sun J B，Almquist B D. Interfacial contact is required for metal-assisted plasma etching of silicon[J]. Advanced Materials Interfaces，2018，5：1800836.

[61]　Soopy A K K，Li Z N，Tang T Y，et al. In（Ga）N nanostructures and devices grown by molecular beam epitaxy and metal-assisted photochemical etching[J]. Nanomaterials，2021，11：126.

[62]　Liu Z W，Wang Y F，Deng T，et al. Solid-state nanopore-based DNA sequencing technology[J]. Journal of Nanomaterials，2016，2016：1-13.

[63]　Deng T，Chen J，Si W H，et al. Fabrication of silicon nanopore arrays using a combination of dry and wet etching[J]. Journal of Vacuum Science & Technology B，2012，30（6）：061804.

[64]　Deng T，Wang Y F，Chen Q，et al. Massive fabrication of silicon nanopore arrays with tunable shapes[J]. Applied Surface Science，2016，390：681-688.

[65]　Li X，Bohn P W. Metal-assisted chemical etching in HF/H$_2$O$_2$ produces porous silicon[J]. Applied Physics Letters，

2000，77（16）：2572-2574.

[66]　Huang Z P，Geyer N，Werner P，et al. Metal-assisted chemical etching of silicon：A review[J]. Advanced Materials，2011，23（2）：285-308.

[67]　Huo C L，Wang J，Fu H X，et al. Metal-assisted chemical etching of silicon in oxidizing HF solutions：Origin，mechanism，development，and black silicon solar cell application[J]. Advanced Functional Materials，2020，30（52）：2005744.

[68]　Chen Y，Zhang C，Li L Y，et al. Fabricating and controlling silicon zigzag nanowires by diffusion-controlled metal-assisted chemical etching method[J]. Nano Letters，2017，17（7）：4304-4310.

[69]　Chen Y，Zhang C，Li L Y，et al. Effects of defects on the mechanical properties of kinked silicon nanowires[J]. Nanoscale Research Letters，2017，12：185.

[70]　Chen Y，Li L Y，Zhang C，et al. Controlling kink geometry in nanowires fabricated by alternating metal-assisted chemical etching[J]. Nano Letters，2017，17（2）：1014-1019.

[71]　Smith B D，Patil J J，Ferralis N，et al. Catalyst self-assembly for scalable patterning of sub 10 nm ultrahigh aspect ratio nanopores in silicon[J]. ACS Applied Materials & Interfaces，2016，8（12）：8043-8049.

[72]　Sharma M，Tan A T L，Smith B D，et al. Hierarchically structured nanoparticle monolayers for the tailored etching of nanoporous silicon[J]. ACS Applied Nano Materials，2019，2（3）：1146-1151.

[73]　Van Toan N，Inomata N，Toda M，et al. Electrically driven ion transport in nanopores fabricated by metal assisted chemical etching method[C]//2018 IEEE Micro Electro Mechanical Systems，Belfast，2018.

[74]　Mousavi B K，Behzadirad M，Silani Y，et al. Metal-assisted chemical etching of silicon and achieving pore sizes as small as 30 nm by altering gold thickness[J]. Journal of Vacuum Science & Technology A，2019，37（6）：061402.

[75]　Li Y J，Van Toan N，Wang Z Q，et al. Thermoelectrical properties of silicon substrates with nanopores synthesized by metal-assisted chemical etching[J]. Nanotechnology，2020，31（45）：455705.

[76]　Banik M，Mukherjee R. Fabrication of ordered 2D colloidal crystals on flat and patterned substrates by spin coating[J]. ACS Omega，2018，3（10）：13422-13432.

[77]　Núñez C G，Navaraj W T，Liu F Y，et al. Large-area self-assembly of silica microspheres/nanospheres by temperature-assisted dip-coating[J]. ACS Applied Materials & Interfaces，2018，10（3）：3058-3068.

[78]　Bedewy M，Hu J J，Hart A J. Precision control of nanoparticle monolayer assembly：Optimizing rate and crystal quality[C]//2017 IEEE 17th International Conference on Nanotechnology，Pittsburgh，2017.

[79]　Kim J D，Mohseni P K，Balasundaram K，et al. Scaling the aspect ratio of nanoscale closely packed silicon vias by macEtch：Kinetics of carrier generation and mass transport[J]. Advanced Functional Materials，2017，27（12）：1605614.

[80]　Chen Y，Chen Y H，Long J Y，et al. Achieving a sub-10 nm nanopore array in silicon by metal-assisted chemical etching and machine learning[J]. International Journal of Extreme Manufacturing，2021，3（3）：35104.

[81]　Oliynyk A O，Adutwum L A，Rudyk B W，et al. Disentangling structural confusion through machine learning：Structure prediction and polymorphism of equiatomic ternary phases ABC[J]. Journal of the American Chemical Society，2017，139（49）：17870-17881.

[82]　Bigun I，Steinberg S，Smetana V，et al. Magnetocaloric behavior in ternary europium indides EuT5In：Probing the design capability of first-principles-based methods on the multifaceted magnetic materials[J]. Chemistry of Materials，2016，29（6）：2599-2614.

[83]　Fujimura K，Seko A，Koyama Y，et al. Accelerated materials design of lithium superionic conductors based on

first-principles calculations and machine learning algorithms[J]. Advanced Energy Materials, 2013, 3(8): 980-985.

[84] He Y P, Galli G. Perovskites for solar thermoelectric applications: A first principle study of $CH_3NH_3AI_3$ (A = Pb and Sn) [J]. Cheminform, 2014, 26 (18): 5394-5400.

[85] Cao B, Adutwum L A, Oliynyk A O, et al. How to optimize materials and devicesvia design of experiments and machine learning: Demonstration using organic photovoltaics[J]. ACS Nano, 2018, 12 (8): 7434-7444.

[86] Wei L F, Xu X J, Gurudayal, et al. Machine learning optimization of p-type transparent conducting films[J]. Chemistry of Materials, 2019, 31 (18): 7340-7350.

[87] Kotsiantis S B, Zaharakis I D, Pintelas P E. Machine learning: A review of classification and combining techniques[J]. Artificial Intelligence Review, 2006, 26: 159-190.

[88] Alpaydin E. Introduction to machine learning[M]. Cambridge: The MIT Press, 2014.

[89] Burges C J C. A tutorial on support vector machines for pattern recognition[J]. Data Mining and Knowledge Discovery, 1998, 2: 121-167.

[90] Tran F, Blaha P. Accurate band gaps of semiconductors and insulators with a semilocal exchange-correlation potential[J]. Physical Review Letters, 2009, 102: 226401.

[91] Lai R A, Hymel T M, Narasimhan V K, et al. Schottky barrier catalysis mechanism in metal-assisted chemical etching of silicon[J]. ACS Applied Materials & Interfaces, 2016, 8 (14): 8875-8879.

[92] Lai C Q, Zheng W, Choi W K, et al. Metal assisted anodic etching of silicon[J]. Nanoscale, 2015, 7: 11123-11134.

[93] Geyer N, Wollschläger N, Fuhrmann B, et al. Influence of the doping level on the porosity of silicon nanowires prepared by metal-assisted chemical etching[J]. Nanotechnology, 2015, 26: 245301.

[94] Balsano R, Matsubayashi A, Labella V P. Schottky barrier height measurements of Cu/Si (001), Ag/Si (001), and Au/Si (001) interfaces utilizing ballistic electron emission microscopy and ballistic hole emission microscopy[J]. AIP Advances, 2013, 3: 112110.

[95] Pinna E, Gall S L, Torralba E, et al. Mesopore formation and silicon surface nanostructuration by metal-assisted chemical etching with silver nanoparticles[J]. Frontiers in Chemistry, 2020, 8: 658.

第六章 第三代半导体碳化硅的电场
和金属辅助化学刻蚀复合加工

6.1 第三代半导体碳化硅湿法刻蚀加工研究背景

碳化硅（SiC）具有宽带隙，优异的化学惰性、电气和机械性能[高击穿电场（3×10^6V/cm）和高电子饱和速度（2×10^7cm/s）]等特点[1-2]。虽然 SiC 的器件可以在高功率和高频率下工作，并且能够在高温和恶劣环境下工作[3]，但是 SiC 坚固的材料特性也使其难以加工，目前仅开发了少数几种加工 SiC 器件的方法。干法刻蚀长期以来一直应用于刻蚀 SiC，但在离子轰击过程中会造成表面损伤；此外，它需要昂贵的设备和高温环境[4-5]。湿法刻蚀是一种无缺陷且成本低廉的加工方法，但是，SiC 具有化学惰性，甚至可以抵抗 pK_a 低于 −14 的超强酸[6]。此外，由于 SiC 价带处于低能量位置[7]，氧化剂[8]产生的空穴难以注入 SiC 并传输到 SiC 表面以氧化材料。使用传统的湿法刻蚀方法直接刻蚀 SiC 几乎是不可能的。

因此，需要各种外部能场来辅助 SiC 的湿法刻蚀。据报道，通过将刻蚀剂（质量分数为 47%～52% 的 HF 和质量分数为 70% 的 HNO_3 溶液按体积比 3：1 混合）加热到 100℃ 以提高氧化还原电位，可以对 3C-SiC 进行各向异性刻蚀[9]。但是，该方法不适用于 4H-SiC 和 6H-SiC，因为它们的带隙更宽（3C-SiC、4H-SiC 和 6H-SiC 的带隙分别为 2.36eV、3.23eV 和 3.0eV）[1, 10]。紫外光是另一种激发源，紫外光可以将空穴注入 SiC 的价带，随后参与衬底的氧化和溶解。由于空穴在 SiC 中随机分布，只能获得多孔结构[11-20]。激光可直接在 SiC 上钻孔[21-23]或氧化 SiC，然后在 KOH 或 HF 溶液中刻蚀[24-25]；然而，由于本征能量衰减，刻蚀结构的侧壁质量较差，不可避免地存在锥角。此外，电场经常用于湿法刻蚀，因为电化学电路可以直接提供氧化所需的空穴。由于电偏压提供的空穴本质上是均匀分布的，因此阳极刻蚀只能获得多孔 SiC[26-32]。到目前为止，加工 SiC 纳米线是构建三维器件[33]的基础，湿法刻蚀方法很少见报道。此外，通常需要高电压或高电流密度产生足够的空穴来刻蚀 SiC[29-31, 34]；而这些条件可能会损坏样品并产生大量热量，从而分解刻蚀剂并导致刻蚀剂泄漏，因此，迫切需要开发一种简便的低电偏压刻蚀 SiC 方法。

我们开发了一种新型混合阳极和金属辅助化学刻蚀复合加工方法，用于在湿法刻蚀环境条件下加工 SiC 纳米线。通过对比实验，我们研究了刻蚀机理并确定了最佳刻蚀条件。通过结合电偏压和金属（铂）辅助化学刻蚀，我们在低于 10V

的电压下实现了 SiC 纳米线的加工，此外，通过调整电偏压刻蚀和时间，可以获得各种不同尺寸的纳米结构。

6.2　电场和金属辅助化学刻蚀复合加工方法

把从合肥科晶材料技术有限公司购买的 6H-SiC（N 型，表面晶向[0001]，电阻率：0.01～0.1Ω·cm）两表面进行抛光，用于实验。在实验之前，首先用食人鱼溶液[H_2SO_4（质量分数为 96%）和 H_2O_2（质量分数为 30%）体积比为 3∶1]在 120℃下清洗 10min。随后用去离子水（18MΩ·cm）冲洗并在流动的 N_2 中干燥。用于纯阳极刻蚀的样品无须进一步处理即可使用，而用于混合阳极和金属辅助化学刻蚀复合加工的样品通过溅射镀有 3nm 厚的铂层。将样品切成大小约为 2cm×2cm 的样式。用于刻蚀的试剂是 HF 溶液和 H_2O_2，质量分数分别为 49% 和 30%。所有化学品均购自 VWR International LLC，无须进一步处理即可使用。恒电位仪（设备品牌为 Princeton Applied Research，购自 VersaSTAT MC）产生小于 10V 的施加电压并记录相应的电流。大于 10V 的电压由源表（设备型号为 Keysight E3610）产生。

为了方便地在 SiC 衬底的背面施加电偏压，我们开发了一种自制装置，利用混合阳极和金属辅助化学刻蚀复合加工方法刻蚀 SiC（图 6.1）。该装置主要由一

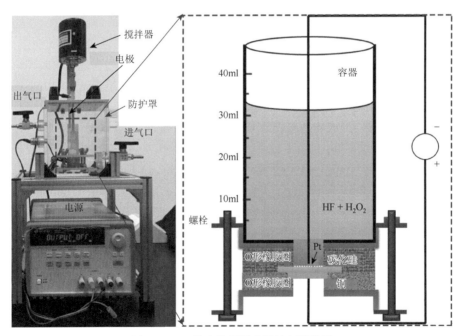

图 6.1　SiC 的电偏压辅助湿法刻蚀装置

装置主要由一个装有刻蚀剂的容器、两个 O 形橡胶圈、一个包括进气口和出气口的屏蔽层、一个电气化学系统组成

个装有刻蚀剂的容器、两个用于密封刻蚀剂以确保电流只能通过 SiC 衬底的 O 形橡胶圈、一个包括进气口和出气口的屏蔽层、一个电气化学系统组成。附着在 SiC 背面的铜膜和一个直流电源，其阴极（铜线）通过铜膜与 SiC 背面连接，而阳极（铂线）浸入刻蚀剂中；螺栓用于对两个 O 形橡胶圈施加压力，以使它们始终紧密接触；防护罩用作保护层。刻蚀后，记录 SEM 数据（使用 Zeiss LEO 1550 和 Hitachi SU8010 采集）以研究刻蚀形貌。[35]

6.3　电场和金属辅助化学刻蚀复合加工结果

在所述的混合阳极和金属辅助化学刻蚀中，使用 HF 和 H_2O_2 混合溶液（10ml HF、2ml H_2O_2 和 20ml 去离子水）作为刻蚀剂。在 MacEtch 过程中，通过使用贵金属（金或铂等）催化 H_2O_2 还原产生空穴[36-38]，然后将它们局部注入与贵金属接触的半导体区域。由于铂（Pt）通常被认为是该反应中最有效的催化剂，因此在这些实验中，我们在 SiC 样品上溅射了 3nm 厚的 Pt 层。

6.3.1　恒电压模拟

图 6.2（a）显示，当电偏压仅设置为 10 V 时，SiC 样品的顶部区域在 30min 后已经充满孔隙，表明混合阳极和金属辅助化学刻蚀复合加工方法可以成功加工 SiC 等宽带隙材料。孔在样品中随机分布，一些是独立的，而另一些则是双生或连结的。孔的直径几乎均匀，接近 50nm，这与在 SiC 表面上形成的 Pt 纳米结构的大小相当。根据观察，刻蚀工艺应该是正向 MacEtch。当刻蚀时间增加到 60min 时，孔隙进一步扩大并相互连接，形成非晶态表面[图 6.2（b）]。当刻蚀时间进一步增加到 90min 时，孔之间的薄壁被破坏，只留下较厚的柱状结构，即孤立的 SiC 纳米线[图 6.2（c）]。纳米线的长度约为 516nm，直径约为 50nm，如图 6.2（d）所示。为了比较，我们还在更低的电偏压（2.5V）下进行了实验。如图 6.2（e）所示，即使在 60min 后，也只在表面缺陷处形成了一些浅层裂纹，这可能是由先前应用的 CMP 工艺造成的。因此，可以推断，小于 2.5V 的电偏压不能注入足够的空穴来支持 SiC 的刻蚀，仅在 CMP 引起的缺陷部位发生轻度刻蚀。

由刻蚀过程中的电流分布[图 6.2（f）]可知，对于 10V 电偏压，随着孔隙密度的急剧增加，基板的电阻增加，电流在前 30min 内相应地从 8mA 降低到 0.75mA。之后，电阻的变化相对较小，电流仅略有下降。相比之下，对于 2.5V 电偏压条件，在整个过程中电流几乎为 0（约为 0.08mA），几乎没有发生刻蚀，这再次证实了电偏压必须足够高才能启动混合刻蚀工艺。

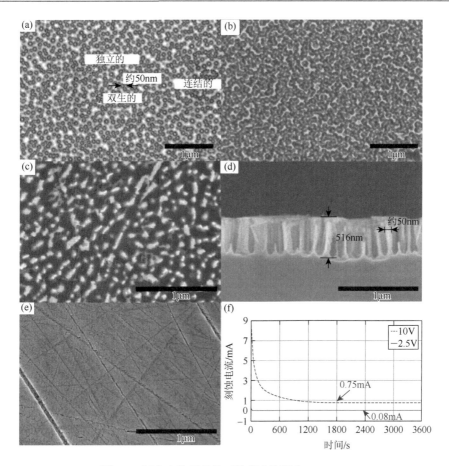

图 6.2　恒定电偏压条件下的混合阳极和 MacEtch

6.3.2　恒电流模拟

为了确定 SiC 刻蚀所需的最小电偏压，我们在不同的恒定电流条件（分别为 2.0mA、1.0mA 和 0.1mA）下进行了刻蚀过程，同时相应地改变了电偏压，刻蚀时间设置为 60min。

首先，当电流保持在 2.0mA 时，孔壁被有效撕裂[图 6.3（a）]，从样品的横截面可以清楚地看到 SiC 纳米线[图 6.3（b）]，这与 10.0V 恒定电偏压下的刻蚀基板非常相似。SiC 纳米线的直径约为 89nm，长度约为 312nm。此外还跟踪了电偏压变化：在刻蚀过程的前 10min 内，由于电阻增加，相应的电偏压迅速从 7.5V 增加到 9.0V。之后，随着电阻增加速度变得非常缓慢，相应的电偏压在振荡模式下仅略有增加。最后，在刻蚀过程结束时电偏压达到约 10.0V[图 6.3（e）]。

当电流降低到 1.0mA 时，孔的大小和密度都降低了。尽管如此，我们仍然可以观察到一些连接形成重叠孔[图 6.3（c）]。相应的电偏压先迅速增加，然后逐渐对应于电阻的变化[图 6.3（e）]，然而，时间增加到 3600s 时，最大电偏压仅为 9.0V。

当电流进一步降低到 0.1mA 时，仅形成了几个独立的孔，表明几乎没有发生刻蚀。这些孔的直径范围为 13～24nm[图 6.3（d）]。相应的电偏压在 3.3～4.3V振荡，并有一个显著的周期[图 6.3（e）]。

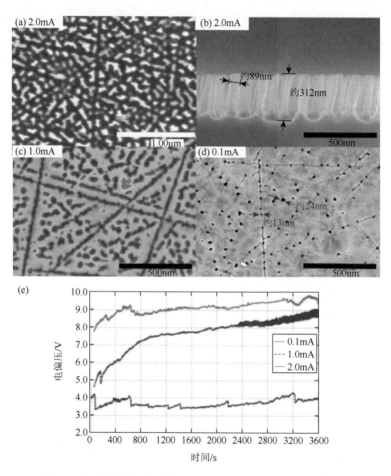

图 6.3　恒定电流条件下的混合阳极和 MacEtch（后附彩图）

（a）2.0mA 恒定电流 60min 下 SiC 纳米线表面图；（b）含有纳米线的 SiC 试样截面图；（c）在 1.0mA 恒定电流作用下，60min 内形成重叠孔；（d）在 0.1mA 恒定电流条件下，60min 内形成独立孔；（e）恒定电流刻蚀过程中的电偏压

上述结果表明，通过简单地控制电偏压或电流，混合方法可以在 SiC 中加工各种类型和尺寸的纳米特征；启动 SiC 刻蚀的最小电偏压应大于 3.5V，而 7.5V是获得 SiC 纳米线所需的最小电偏压。[35]

6.4　电场和金属辅助化学刻蚀复合加工机理

为了研究混合阳极和 MacEtch 复合加工的机理，通过对 SiC 进行纯阳极刻蚀和纯金属（铂）辅助化学刻蚀两个系列对比实验，确定了有限电偏压阳极刻蚀和金属（铂）辅助化学刻蚀在 SiC 刻蚀过程中的不同作用。

6.4.1　纯阳极氧化刻蚀

在纯阳极氧化刻蚀中，首先使用了无涂层的 SiC；此外，为了尽量减少刻蚀条件变化的影响，刻蚀剂与先前在混合阳极和 MacEtch 中的刻蚀剂（10ml HF、2ml H_2O_2 和 20ml 去离子水）保持相同。电偏压设置为 30V。由于没有 Pt 颗粒用作催化剂，因此空穴完全由阳极注入提供，而不是通过还原 H_2O_2。可以看出，在 20min 内，在未涂层的 SiC 样品顶部形成了几个直径为 200~650nm 的不均匀孔隙 [图 6.4（a）]。当刻蚀时间增加到 2h 时，随着空穴的不断提供，形成了更多的不均匀孔（直径仍为 200~650nm）[图 6.4（b）]。为了检查 HF/H_2O_2 刻蚀剂的作用，我们首先切换到 KCl 溶液（体积分数 15%）作为刻蚀剂，仍然将电偏压设置为 30V。在这种情况下，20min 内没有形成孔，只在 SiC 表面上发现了很少的 KCl 晶体[图 6.4（c）]。即使刻蚀时间增加到 2h，SiC 表面仍然没有孔隙，但形成了更多的 KCl 晶体[图 6.4（d）]。可以推断，尽管通过注入空穴，SiC 的顶层转化为 SiO_2，但 SiO_2 层不能溶解在 KCl 溶液中，从而阻碍了进一步的空穴生成并阻止了孔隙的形成。[35]

因此，SiC 的阳极刻蚀过程可以概括为[29]：首先通过电偏压提供的空穴将 SiC 氧化成 SiO_2 和 CO_2[28, 31]，然后用 HF 溶解 SiO_2。

$$SiC + 2H_2O + H_2O_2 + 6h^+ \longrightarrow SiO_2 + CO_2 + 6H^+$$

$$SiO_2 + 6HF \longrightarrow H_2SiF_6 + 2H_2O$$

从上面的讨论可以很容易地推断出空穴的产生和 SiO_2 的溶解是控制刻蚀的两个关键因素。为了产生足够的空穴用于刻蚀，需要高电偏压；因此，当降低到 10V 以下时（与混合阳极和 MacEtch 中使用的相同），即使刻蚀时间增加到 2h，样品中也没有发现孔隙[图 6.4（e）]。

此外，在 10V 电偏压下，涂有 3nm Pt 的 SiC 样品在 HF 刻蚀剂（10ml HF 和 22ml 去离子水）中电化学刻蚀 60min。可以看出，SiC 样品仍然没有形成孔隙，渗透的 CMP 痕迹仅略微加深[图 6.4（i）]。考虑到在电偏压为 10V 的 HF 和 H_2O_2 混合刻蚀剂中可以形成 SiC 纳米线（图 6.2），我们可以推断 H_2O_2 还原反应提供的空穴至关重要。当电偏压增加到 30V 时，电场高到足以产生足够多的空穴。结果，刻蚀 60min 后产生了不均匀的孔隙；此外，孔隙相互连接形成多孔结构，但没有形成 SiC 纳米线[图 6.4（j）]。这与未添加涂层的 SiC 样品在 30V 下 HF 和 H_2O_2 混合刻蚀剂中进行电化学刻蚀的情况非常相似。[35]

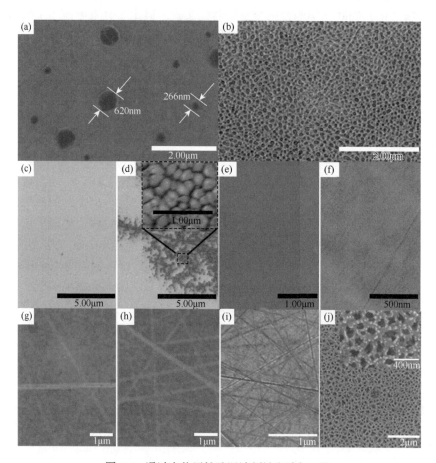

图 6.4　通过电偏压辅助湿法刻蚀方法加工孔

6.4.2　纯金属辅助化学刻蚀

对于被称为纯铂辅助化学刻蚀的第二系列实验，SiC 样品涂有 3nm 厚的 Pt 层，刻蚀剂的成分也与混合阳极和 MacEtch 中使用的相同（10ml HF、2ml H_2O_2 和 20ml 去离子水）。我们发现，即使将样品浸入刻蚀剂超过 2h，样品也几乎没有任何变化，如图 6.4（f）所示。即使刻蚀时间显著增加到 8h 和 16h，仍然没有明显变化[图 6.4（g）和图 6.4（h）]。结果可以通过结合 SiC 的能带结构来理解：SiC

价带底的能级约为 2.0V[7]，大于 H_2O_2 产生空穴的电势（1.76V）[39-41]，因此，这些空穴可能不会注入到 SiC 中并氧化 SiC。

6.4.3　复合刻蚀加工机理

基于上述结果，我们提出了以下刻蚀过程的机理：

当对纯 SiC 和混合阳极加工方法中施加较大的电偏压（≥30V）时，会提供大量的空穴，主要分布在刻蚀剂和 SiC 的界面处[图 6.5（a）]，SiC 会在有空穴的区域被刻蚀，从而产生大量的孔隙[图 6.4（b）和图 6.4（j）]。当电偏压降低到不超过 10V 时，空穴浓度显著下降，几乎不会发生刻蚀[图 6.4（e）和图 6.4（i）]。

当 SiC（N 型）表面涂有 Pt 时，在 SiC 与 Pt 颗粒/团簇接触的区域会发生能带弯曲（注意 3nm 厚的 Pt 层是以颗粒和团簇的形式存在），产生肖特基势垒高度[图 6.5（e）]。根据密度函数理论计算，肖特基势垒高度约为 1.253eV，非常接近实验值，如图 6.6（a）和图 6.6（b）所示。阻挡层将捕获由 H_2O_2 还原产生的空穴[图 6.5（b）]，尽管如上所述的刻蚀过程几乎不发生。

然而，当将阳极刻蚀与 MacEtch 结合使用时，由于存在电偏压，能带弯曲变得更大。例如，当电偏压仅为 0.5V 时，肖特基势垒高度为 1.688eV，如图 6.6（b）所示。除了 H_2O_2 还原产生的空穴外，由电偏压注入的空穴也被困在界面处，从而形成具有高浓度累积空穴的区域[图 6.5（c）]，例如在 SiC/Pt 颗粒接触周围。这些空穴会将 SiC 氧化成 SiO_2 和 CO_2，SiC 会被 HF 进一步溶解。随着 SiC 不断被刻蚀溶解，在 SiC/Pt 颗粒接触周围形成了与 Pt 颗粒大小相当的孔。

随着刻蚀时间的增加，空穴会向低浓度区域扩散和漂移，优先向 SiC 与刻蚀剂之间新形成的界面移动，导致孔壁被刻蚀，孔径增大。一旦相邻孔之间的壁被打开，就会形成纳米线，如图 6.5（d）所示。[35]

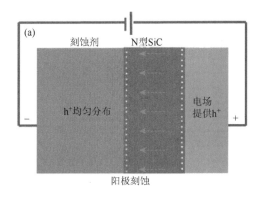

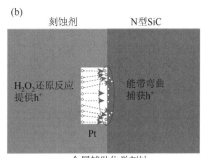

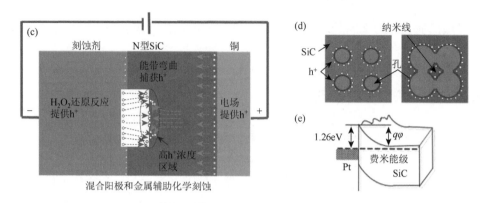

图 6.5　混合阳极和 MacEtch 的机理

（a）在阳极刻蚀中，空穴均匀分布；（b）在 MacEtch 中，空穴被弯曲的能带困住，然而，浓度相对较低；（c）阳极刻蚀产生的空穴也被弯曲的能带截留，从而形成高浓度空穴的区域；（d）当相邻孔之间的壁被打开时，就会形成纳米线；（e）N 型 SiC 与 Pt 界面的能带弯曲，实验估计肖特基势垒高度为 1.26eV

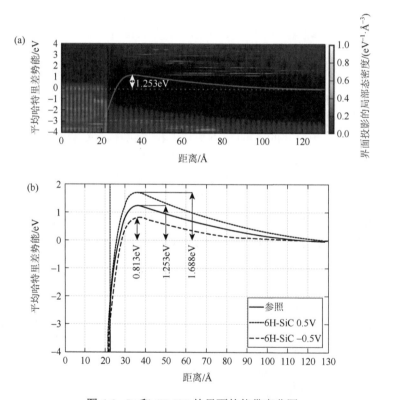

图 6.6　Pt 和 6H-SiC 的界面的能带弯曲图

（a）平均哈特里差势能（ΔV_{H}）和界面投影的局部态密度，两者都表明肖特基势垒高度约为 1.253eV，与实验值（1.26eV）非常接近；（b）外部电偏压对能带图的影响，当阳极电偏压增加时，能带弯曲更严重，当在样品上施加−0.5V 和 0.5 V 的电偏压时，得到的肖特基势垒高度分别为 0.813eV 和 1.688eV

值得注意的是，Pt 图案和阳极电流都对孔径有影响。阳极电流通过调整垂直和横向刻蚀速率之间的比率来影响孔径，从而改变纳米线的直径。更重要的是，当刻蚀开始于与 Pt 催化剂接触的区域时，Pt 图案可以直接确定初始孔的位置和大小以及孔之间的间隔，这是纳米线尺寸的重要决定因素。因此，通过在 SiC 样品上图案化金属催化剂并控制刻蚀时间，可以调整 SiC 纳米线的间隔和直径。

6.5　小　　结

本章开发了一种混合阳极和金属辅助化学刻蚀方法来制加工 SiC 孔和纳米线。通过实验比较纯阳极刻蚀、纯铂辅助化学刻蚀和混合刻蚀条件下的 SiC 刻蚀形貌，阐明了外部电偏压和内置电场在混合阳极和 MacEtch 方法中的协同作用，并提出金属至少起两个关键作用，即催化 H_2O_2 还原产生空穴和诱导能带弯曲以提高刻蚀的局部空穴浓度。还通过在恒定电偏压和电流条件下监测刻蚀过程来检查刻蚀的电偏压窗口。发现混合阳极和 MacEtch 可以显著降低电偏压至小于 10 V，同时提高刻蚀效率。通过调整刻蚀电偏压和时间，该方法可以实现数十到数百纳米尺寸的孔和 SiC 纳米线的加工，还可以扩展到加工基于 SiC 或其他宽带隙半导体的新型结构和器件。

参 考 文 献

[1]　Levinshtein M E，Rumyantsev S L，Shur M S. Properties of advanced semiconductor materials：GaN，AIN，InN，BN，SiC，SiGe[M]. New York：John Wiley & Sons，Inc.，2001.

[2]　Casady J B，Johnson R W. Status of silicon carbide（SiC）as a wide-bandgap semiconductor for high-temperature applications：A review[J]. Solid-State Electronics，1996，39：1409-1422.

[3]　Zhao F，Islam M M，Huang C F. Photoelectrochemical etching to fabricate single-crystal SiC MEMS for harsh environments[J]. Materials Letters，2011，65（3）：409-412.

[4]　Nojiri K. Dry etching technology for semiconductors[M]. Berlin：Springer，2015.

[5]　Rossnagel S M，Cuomo J J，Westwood W D. Handbook of plasma processing technology：Fundamentals，etching，deposition，and surface interactions[M]. Oxford：William Andrew，1990.

[6]　Clawson A R. Guide to references on Ⅲ-Ⅴ semiconductor chemical etching[J]. Materials Science and Engineering R：Reports，2001，31（1-6）：1-438.

[7]　Nozik A J，Memming R. Physical chemistry of semiconductor-liquid interfaces[J]. Journal of Physical Chemistry，1996，100（31）：13061-13078.

[8]　Bard A J，Pareons R，Jordan J. Standard potentials in aqueous solution[M]. New York：Marcel Dekker，Inc.，1985.

[9]　Cambaz G Z，Yushin G N，Gogotsi Y，et al. Anisotropic etching of SiC whiskers[J]. Nano Letters，2006，6（3）：548-551.

[10]　Aksimentiev A，Heng J B，Timp G，et al. Microscopic kinetics of DNA translocation through synthetic nanopores[J]. Biophsical Journal，2004，87（3）：2086-2097.

[11] Leitgeb M，Zellner C，Schneider M，et al. A combination of metal assisted photochemical and photoelectrochemical etching for tailored porosification of 4H SiC substrates[J]. ECS Journal of Solid State Science and Technology，2016，5（10）：556-564.

[12] Ke Y. Characterization of the mechanical behavior of lightweight aggregate concretes：Experiment and modelling[D]. Pittsburgh：University of Pittsburgh，2008.

[13] Rittenhouse T L，Bohn P W，Adesida I. Structural and spectroscopic characterization of porous silicon carbide formed by Pt-assisted electroless chemical etching[J]. Solid State Communications，2003，126（5）：245-250.

[14] Shor J S，Grimberg I，Weiss B Z，et al. Direct observation of porous SiC formed by anodization in HF[J]. Applied Physics Letters，1993，62（22）：2836-2838.

[15] O R，Takamura M，Furukawa K，et al. Effects of UV light intensity on electrochemical wet etching of SiC for the fabrication of suspended graphene[J]. Japanese Journal of Applied Physics，2015，54（3）：036502.

[16] Liu Y，Lin W，Lin Z Y，et al. A combined etching process toward robust superhydrophobic SiC surfaces[J]. Nanotechnology，2012，23：255703.

[17] Gautier G，Cayrel F，Capelle M，et al. Room light anodic etching of highly doped n-type 4H-SiC in high-concentration HF electrolytes：Difference between C and Si crystalline faces[J]. Nanoscale Research Letters，2012，7：367.

[18] Boukezzata A，Keffous A，Cheriet A，et al. Structural and optical properties of thin films porous amorphous silicon carbide formed by Ag-assisted photochemical etching[J]. Applied Surface Science，2010，256：5592-5595.

[19] Shishkin Y，Ke Y，Devaty R P，et al. Fabrication and morphology of porous p-type SiC[J]. Journal of Applied Physics，2005，97：044908.

[20] Shishkin Y，Choyke W J，Devaty R P. Photoelectrochemical etching of n-type 4H silicon carbide[J]. Journal of Applied Physics，2004，96（4）：2311-2322.

[21] Duc D H，Naoki I，Kazuyoshi F. A study of near-infrared nanosecond laser ablation of silicon carbide[J]. International Journal of Heat and Mass Transfer，2013，65：713-718.

[22] Fedorenko L，Medvid A，Yusupov M，et al. Nanostructures on SiC surface created by laser microablation[J]. Applied Surface Science，2008，254：2031-2036.

[23] Iwatani N，Duc D H，Fushinobu K. Optimization of near-infrared laser drilling of silicon carbide under water[J]. International Journal of Heat and Mass Transfer，2014，71：515-520.

[24] Khuat V，Ma Y C，Si J H，et al. Fabrication of through holes in silicon carbide using femtosecond laser irradiation and acid etching[J]. Applied Surface Science，2014，289：529-532.

[25] Chen T，Pan A，Li C X，et al. Study on morphology of high-aspect-ratio grooves fabricated by using femtosecond laser irradiation and wet etching[J]. Applied Surface Science，2015，325：145-150.

[26] Cao D T，Anh C T，Ha N T T，et al. Effect of electrochemical etching solution composition on properties of porous SiC film[J]. Journal of Physics：Conference series，187：15-21.

[27] Chang W H，Schellin B，Obermeier E，et al. Electrochemical etching of n-type 6H-SiC without UV illumination[J]. Journal of Microelectromechanical Systems，2006，15（3）：548-552.

[28] van Dorp D H，Sattler J J H B，den Otter J H，et al. Electrochemistry of anodic etching of 4H and 6H-SiC in fluoride solution of pH 3[J]. Electrochimica Acta，2009，54：6269-6275.

[29] Tan J H，Chen Z Z，Lu W Y，et al. Fabrication of uniform 4H-SiC mesopores by pulsed electrochemical etching[J]. Nanoscale Research Letters，2014，9：570.

[30] Chang W H. Micromachining of p-type 6H-SiC by electrochemical etching[J]. Sensors and Actuators A，2004，

112: 36-43.

[31] Senthilnathan J, Weng C C, Tsai W T, et al. Synthesis of carbon films by electrochemical etching of SIC with hydrofluoric acid in nonaqueous solvents[J]. Carbon, 2014, 71: 181-189.

[32] Cao A T, Luong Q N T, Dao C T. Influence of the anodic etching current density on the morphology of the porous SiC layer[J]. AIP Advances, 2014, 4: 037105.

[33] Zhang A Q, Zheng G F, Lieber C M. Emergence of nanowires[M]. Berlin: Springer, 2016.

[34] Chen C M, Chen S L, Shang M H, et al. Fabrication of highly oriented 4H-SiC gourd-shaped nanowire arrays and their field emission properties[J]. Journal of Materials Chemistry C, 2016, 4 (23): 5195-5201.

[35] Chen Y, Zhang C, Li L Y, et al. Hybrid anodic and metal-assisted chemical etching method enabling fabrication of silicon carbide nanowires[J]. Small, 2019, 15 (7): 1803898.

[36] Li X L. Metal assisted chemical etching for high aspect ratio nanostructures: A review of characteristics and applications in photovoltaics[J]. Current Opinion in Solid State and Materials Science, 2012, 16 (2): 71-81.

[37] Chen Y, Li L Y, Zhang C, et al. Controlling kink geometry in nanowires fabricated by alternating metal-assisted chemical etching. [J]. Nano Letters, 2017, 17 (2): 1014-1019.

[38] Chen Y, Zhang C, Li L Y, et al. Fabricating and controlling silicon zigzag nanowires by diffusion-controlled metal-assisted chemical etching method[J]. Nano Letters, 2017, 17 (7): 4304-4310.

[39] Huang L Q, Geiod R, Wang D J. Barrier inhomogeneities and interface states of metal/4H-SiC Schottky contacts[J]. Japanese Journal of Applied Physics, 2016, 55: 124101.

[40] Lee S K, Zetterling C M, Ostling M, et al. Reduction of the Schottky barrier height on silicon carbide using Au nano-particles[J]. Solid-State Electronics, 2002, 46: 1433-1440.

[41] Itoh A, Matsunami H. Analysis of Schottky barrier heights of metal/SiC contacts and its possible application to high-voltage rectifying devices[J]. Physica Status Solidi, 1997, 162 (1): 389-408.

第七章　第三代半导体碳化硅高深宽比微槽的紫外光场和湿法刻蚀复合加工

7.1　研　究　背　景

SiC 因其宽带隙、高热导率和优异的化学惰性[1]而被广泛应用于场发射器[2-4]、光电探测器[5-7]和光电化学水分解[8-12]。此外，也有研究发现 SiC 是高性能电力电子器件的理想材料[13]，例如基于 FinFET 效应[14-15]和绝缘栅双极晶体管（insulated gate bipolar transistor，IGBT）[16-17]的 MOSFETs，已应用于高速铁路[18-19]和电动汽车[20]。尽管 SiC 具有许多优点，但其优异的性能也给器件加工带来了一些挑战。SiC 的氧化反应在室温下非常缓慢，即使在高温氧气或臭氧气氛中，SiC 的氧化速率仍保持在 0.1nm/min 左右[21]，极大地限制了材料在后续 HF 刻蚀中的去除速率。因此，一些适用于快速硅刻蚀的传统湿化学刻蚀方法[22-23]无法有效刻蚀 SiC。

为了解决 SiC 氧化速率慢的问题，已经提出了几种方法，可分为外部电偏压辅助湿法刻蚀和无外部电偏压湿法刻蚀。最常见的外部电偏压辅助湿法刻蚀方法包括电化学刻蚀[24]和混合阳极和金属辅助化学刻蚀[25]。这些方法通过外部电源连续向 SiC 样品提供空穴载流子，并利用阳极中积累的空穴载流子逐渐氧化 SiC。这些方法需要金属电极的预图案化和样品边缘的精确钝化，以防止刻蚀剂渗透。无外部电偏压湿法刻蚀通常依赖于光电化学刻蚀[26-29]。该方法利用紫外光照射产生的空穴载流子来氧化 SiC。为了在 SiC 上实现有序的微/纳米结构阵列，使用预图案化的铂（Pt）作为掩膜，它选择性地屏蔽紫外光，同时催化刻蚀剂中氧化剂的还原，为 Pt 下方的 SiC 提供空穴[28, 30]。然而，这种方法仍然产生低刻蚀速率（小于 2.97nm/min）和低深宽比（小于 1.67）。

在这里，我们提出了一种湿法刻蚀方法，该方法利用电荷载流子的各向异性传输来提高刻蚀效率和深宽比。具体而言，通过在 SiC 晶片的底部表面应用 Pt 涂层，同时从其顶部引入紫外光照射，实现晶片上电子和空穴的空间分离。因此，光生电子被引导到晶圆底部以参与刻蚀剂中氧化剂的还原反应，而空穴流向晶圆顶部以触发 SiC 的氧化和随后的刻蚀。这种设计在很大程度上抑制了复合引起的电荷损失，并且当与金（Au）掩膜结合使用时，该结构产生了显著垂直刻蚀速率，为 0.737μm/min，是之前报道的光电化学刻蚀速率的 248 倍[28]。利用这种技术，我们实现了深宽比高达 3.2 的微结构阵列的刻蚀。该方法可以很容易地扩展到制造新型宽带隙半导体结构和器件[31-34]。

7.2　加工方法

SiC 样品制备：本章中使用的 6H-SiC 购自北京天科合达半导体股份有限公司（N 型，$\rho = 0.02 \sim 0.1\Omega \cdot cm$，直径 2in，厚度约 340$\mu m$）。通过 CMP 对样品的两面进行抛光以暴露 Si 平面。从包装中取出干净的样品并在没有任何额外清洁的情况下进行处理。SiC 样品上的条纹阵列图案是通过标准光刻方法制备的。纳米孔阵列的图案是通过纳米球光刻法制备的[35-38]。在图案化的 SiC 样品上沉积了 Au 薄膜或 Pt 薄膜。然后通过丙酮结合超声振动去除残留的光刻胶或纳米球。在某些情况下，Au 薄膜或 Pt 薄膜沉积在 SiC 样品的无图案底部。通过磁控溅射（设备型号为 Desk V，购自 Denton 公司）在 SiC 样品上进行上述 Au 掩膜或 Pt 掩膜和 Au 薄膜或 Pt 薄膜的沉积。这些金属沉积的厚度分别是 Pt 掩膜为 23nm，Au 掩膜为 65nm，Pt 薄膜为 16nm，Au 薄膜为 27nm，通过 Bruker 公司的原子力显微镜（设备型号为 Dimension FastScan）对这些金属沉积的厚度进行了表征。

SiC 的湿法刻蚀：本章中使用的紫外光波长为 365nm，光斑直径为 2mm，可调功率密度为 $0 \sim 13.2 W/cm^2$，并且具有连续稳定的长时间输出。它由紫外照明系统供电，该系统由紫外照明头（设备型号为 ZUV-H20MB，购自 Omron）、光学透镜（设备型号为 L2H，购自 Omron）和紫外控制器（设备型号为 ZUV-C20H，购自 Omron）组成。通过夹具将照明头到 SiC 样品的照明距离固定在 10mm。本章中使用的刻蚀剂包含 H_2O_2（质量分数为 30%，购自 Rhawn）、HF（质量分数为 49%，购自 Aladdin）和去离子水（18.2$M\Omega \cdot cm$，购自 Millipore）。这三种成分的体积比为 21∶6∶5，除非另有说明，否则刻蚀时间固定为 10min。刻蚀反应在聚四氟乙烯（polytetrafluoroethylene，PTFE）盘中进行。当刻蚀过程完成时，用大量去离子水冲洗 SiC 样品并通过纯氮气流干燥。[39]

电化学表征：SiC 样品（10mm×10mm）在底部沉积了一层 Pt，其上表面保持裸露。它被固定在聚甲基丙烯酸甲酯（PMMA）基板的铜箔上，并使用导电银浆连接到电线上。SiC 样品的底部和边缘，以及铜箔和导线的一端，用环氧树脂密封，使上表面暴露在外。在开路电位（open-circuit potential，OCP）测量方面，SiC 样品连接电化学工作站（设备型号为 CHI760E，购自美国 CH Instruments 公司）作为工作电极。由 KCl 饱和琼脂桥保护的 KCl 饱和甘汞电极（saturated calomel electrode，SCE）作为参比电极，Pt 片作为对电极。对于有 H_2O_2 的情况，使用含有 H_2O_2、HF 和去离子水的刻蚀剂；对于没有 H_2O_2 的情况，使用含有相似浓度的 HF 水溶液刻蚀剂。在短路电流测量方面，SiC 样品的一端连接静电计（设备型号为 Keithley 6514，购自美国 Tektronix 公司），而另一端连接 Pt 片电极（10mm×10mm×0.2mm，纯度 99.99%）。然后将 SiC 样品和 Pt 片电极都浸入刻蚀剂中。在改变 Pt 片电极时测量短路电流的实验中，使用了玻璃碳（直径 4mm）。在没有 HF 时测量短路电流的实验中，使用了含有去离子水、H_2O_2（1.8mol/L）和 H_2SO_4（2.2mol/L）的溶液。

　　通过 SEM（设备型号为 Hitachi SU8220）表征 SiC 样品的形态。本章中微/纳米结构的高度和宽度是通过测量五个不同区域的相应尺寸并计算平均值得到的。垂直刻蚀速率（$R_{vertical}$）和水平刻蚀速率（$R_{horizontal}$）分别通过刻蚀垂直长度和刻蚀水平长度除以刻蚀持续时间来计算。本章中显示的误差条是结果的标准偏差。

　　图 7.1（a）说明了具有 Pt 掩膜的常见光电化学刻蚀结构的光生载流子的分布。将该结构浸入由 HF、H_2O_2 和去离子水组成的刻蚀剂中。在紫外光照射下，电子和空穴最初在未屏蔽区域产生，然后扩散到晶片的其他区域。由于 Pt 的催化作用，H_2O_2 还原反应（$2H_2O_2 + 4H^+ + 4e^- \xrightarrow{Pt} 4H_2O$）主要发生在掩膜表面并消耗电子。这进一步推动电子向顶部掩膜扩散，留下光生空穴以参与将 SiC 转化为 SiO_2（随后被 HF 溶解）的氧化反应。由于电子和空穴的产生和传输速率非常接近，因此复合引起的空穴损失仍然很大，并且沿水平和垂直方向的刻蚀速率相似，导致刻蚀效率有限和深宽比低。[39]

　　为了解决这个问题，我们提出了一种新的刻蚀结构，如图 7.1（b）所示。金属掩膜沉积在未照明的 SiC 底部，形成一个用于还原 H_2O_2 的大表面，并随后吸引光生电子向下流动，在顶部照明区域留下光生空穴。顶部掩膜用催化性较低的贵金属代替，以减少向上的电子流动。因此，在经过刻蚀的侧壁底部存在大量空穴，从而能够快速垂直刻蚀和产生各向异性结构。

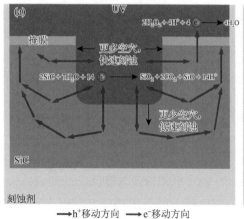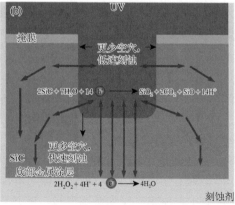

图 7.1　（a）常规的光电化学刻蚀原理；（b）带有底部金属涂层的刻蚀结构的示意图

7.3　加　工　结　果

为了验证提出的机制是否确实可以提高刻蚀速率和各向异性，我们对不同的样品结构进行了一系列刻蚀实验。在所有情况下，均使用功率密度为 13.2W/cm^2 的紫外光光源，以及由 HF、H$_2$O$_2$ 和去离子水组成的刻蚀剂。顶部金属掩膜由宽 3μm、间隔 22μm 的条纹阵列形成，并通过光刻工艺在 SiC 衬底上图案化。在第一组实验中，我们使用 Pt 形成顶部金属掩膜，并比较了底部有 Pt 涂层和没有 Pt 涂层的样品，刻蚀时间设定为 5min。如图 7.2（a）所示，刻蚀工艺在 SiC 样品的金属掩膜区域产生了微鳍结构，微鳍结构的高度和宽度分别为 2.313μm±0.062μm 和 2.103μm±0.062μm。相比之下，底部具有 Pt 涂层的样品表现出明显增强的刻蚀深度和略微减小的刻蚀宽度。如图 7.2（b）所示，得到高度为 3.687μm±0.093μm、宽度为 1.492μm±0.151μm 的 SiC 微鳍结构。结果证实底部 Pt 涂层可以有效提高垂直刻蚀速率。值得注意的是，刻蚀区域中存在一些随机取向的短残留 SiC 纳米线，这可能是由于空穴快速流动导致局部空穴浓度不均匀，从而导致某些点的空穴不足难以支持刻蚀。[39]

接下来，我们通过比较 Pt 掩膜（催化性较强）和 Au 掩膜（催化性较弱[40]）的刻蚀性能来验证我们对顶部掩膜的假设。我们的选择是基于之前的研究[41-42]，Pt 和 Au 分别通过"失去 4 个电子"和"失去 2 个电子"路径催化还原反应；因此，由于需要更大的过电位，与 Au 掩膜的反应更困难。Pt 掩膜和 Au 掩膜样品的底部都具有 Pt 涂层。由于 Au 掩膜样品的上表面反应性较低，因此该样品的刻蚀时间设置为 20min。如图 7.2（c）所示，Au 掩膜样品的 SiC 微鳍结构高度明显增加，而其宽度与 Pt 掩膜样品的宽度几乎相同[图 7.2（b）]，这表明由于延长刻蚀时间而导致的水平过度刻蚀通过使用催化性较低的掩膜得到缓解。此外，密集的残留纳米线消失了，显示出更光滑的刻蚀表面形貌。[39]

根据刻蚀实验结果，我们总结了所有情况下的垂直刻蚀速率（$R_{vertical}$）和水平刻蚀速率（$R_{horizontal}$），如图 7.2（d）所示。顶部有 Pt 掩膜和底部没有 Pt 涂层的样品具有中等 $R_{vertical}$（0.463μm/min±0.012μm/min）和中等 $R_{horizontal}$（0.090μm/min±0.006μm/min）。顶部有 Pt 掩膜和底部有 Pt 涂层的样品具有最高的 $R_{vertical}$（0.737μm/min±0.019μm/min），是之前的无外部电偏压湿法刻蚀方法记录的 248 倍[28]，比外部电偏压辅助湿法刻蚀的最佳速率高出 1.3 倍[43]，如表 7.1 所示。除了最高的 $R_{vertical}$ 外，这种情况还达到了最高的 $R_{horizontal}$（0.151μm/min±0.015μm/min），表明快速水平刻蚀，可能会限制刻蚀结构的深宽比。当顶部用 Au 掩膜代替 Pt 掩膜时，水平刻蚀速率减小。这里观察到非常低的 $R_{horizontal}$（0.005μm/min±0.000 6μm/min），$R_{vertical}$ 也降低到 0.225μm/min±0.004μm/min；尽管如此，这个值仍然足够高，可以在几十分钟的短时间内刻蚀微/纳米结构。最重要的是，$R_{vertical}$ 与 $R_{horizontal}$ 的比值大（表 7.2）表明刻蚀结构提供了实现高深宽比结构的平台。[39]

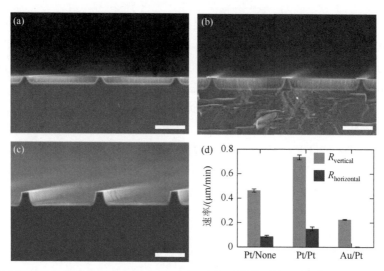

图 7.2　SiC 微鳍结构的横截面 SEM 图像由（a）底部不带涂层的 Pt 掩膜、（b）底部带 Pt 涂层的 Pt 掩膜和（c）底部带 Pt 涂层的 Au 掩膜制成；（d）为（a）～（c）的垂直刻蚀速率（$R_{vertical}$）和水平刻蚀速率（$R_{horizontal}$）

表 7.1　光化学刻蚀法制备均匀 SiC 微/纳米结构的刻蚀速率比较

材料	刻蚀剂	刻蚀速率/(nm/min)	文献
4H-SiC	HF，$Na_2S_2O_8/H_2O_2$，H_2O	2.68	[30]
4H-SiC	HF，$K_2S_2O_8$，H_2O	2.97	[28]
6H-SiC	HF，H_2O_2，H_2O（电偏压为 3.5V）	573	[38]
6H-SiC	HF，H_2O（电偏压为 $1.5V_{SCE}$）	400	[26]
6H-SiC	HF，H_2O_2，H_2O	737	本书

表 7.2　图 7.2 中案例的垂直刻蚀速率（$R_{vertical}$）/水平刻蚀速率（$R_{horizontal}$）

Pt 掩膜/底部无 Pt 涂层包覆	Pt 掩膜/底部有 Pt 涂层包覆	Au 掩膜/底部沉积 Pt
5.16	4.89	47.86

7.4　加工工艺优化

在验证了刻蚀原理之后，我们现在使用顶部具有 Au 掩膜和底部具有 Pt 涂层的 SiC 微鳍结构来研究每个刻蚀参数对刻蚀结果的影响。首先，我们发现延长刻蚀时间可以增加 SiC 微鳍结构的深宽比，如图 7.3（a）和图 7.3（b）所示。
图 7.3（c）总结了刻蚀持续时间为 10～40min 的 SiC 微鳍结构的高度和宽度。
在 10min 的时候，SiC 微鳍结构显示出高度为 2.056μm±0.046μm 和宽度为
2.871μm±0.064μm。随着刻蚀时间延长到 20min 和 30min，高度分别增加到
4.509μm±0.086μm 和 5.618μm±0.271μm，而 SiC 微鳍结构的宽度略微减小到
2.8μm。刻蚀 40min 时，高度达到最大值 6.587μm±0.195μm，宽度减小到 2.040μm±
0.119μm，达到最高深宽比 3.217[图 7.3（d）]。

　　其次，研究了 H_2O_2 浓度对刻蚀过程的影响。这些情况的垂直刻蚀速率（$R_{vertical}$）
如图 7.3（e）所示。当刻蚀剂中没有 H_2O_2 时，$R_{vertical}$ 为 0，因为几乎没有观察到 SiC
微鳍结构。当向刻蚀剂中添加低浓度的 H_2O_2（0.9mol/L）时，开始出现 SiC 微鳍结
构和其周围的纳米线束，$R_{vertical}$ 达到 0.170μm/min±0.007μm/min。随着刻蚀剂中 H_2O_2
浓度的增加，SiC 微鳍结构迅速演化。当 H_2O_2 浓度达到 2.8mol/L 时，$R_{vertical}$ 达到最
高值，为 0.450μm/min±0.008μm/min。$R_{vertical}$ 与 H_2O_2 浓度之间的密切关系验证了我
们的刻蚀模型，证明了 H_2O_2 在驱动电荷分离从而促进刻蚀过程中的重要作用。

　　最后，研究了紫外光功率密度对刻蚀过程的影响。功率密度在 1.32～13.2W/cm²
变化，刻蚀时间为 10min，每种情况下的垂直刻蚀速率如图 7.3（f）所示。如预期的
那样，增加紫外光功率密度可以大大提高刻蚀速率，因为更多的光生空穴可以参与
SiC 的氧化。[39]

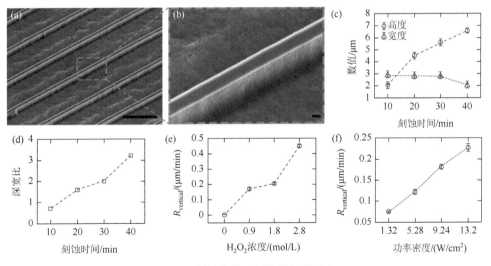

图 7.3　刻蚀参数对刻蚀结果的影响

（a）形貌良好的 SiC 微鳍结构的 45°倾斜扫描电镜图像（比例尺为 25μm）；（b）单个鳍片的放大图像（比例尺为
1μm）；（c）SiC 微鳍结构的高度和宽度随刻蚀时间增加的变化；（d）深宽比与刻蚀时间的关系曲线；（e）随着刻
蚀剂中 H_2O_2 浓度的增加，垂直刻蚀速率（$R_{vertical}$）的变化；（f）随着紫外光功率密度的增加，垂直刻蚀速率（$R_{vertical}$）
的变化

7.5　加　工　建　模

为了定量描述电荷传输和刻蚀过程之间的关系，我们进行了电化学特性表征以测量流过刻蚀结构的电流，如图 7.4（a）所示。将底部带有 Pt 涂层的环氧树脂填充 SiC 样品和 Pt 片电极与静电计连接。设计了两个刻蚀情况进行比较：标准刻蚀条件为含 H_2O_2、HF 和去离子水的刻蚀剂，而对照条件为不含 H_2O_2 的刻蚀剂。测量这两种情况下的短路电流，将短路电流值除以照射面积，将其转换为电流密度（记为 j）。用电化学工作站代替静电计，并使用额外的 KCl 饱和甘汞电极（SCE）记录开路电位。然后根据测量的 OCP 计算 OCP 从紫外光照射到紫外光移除的偏移。

标准刻蚀条件下电流密度（j）的时间演化如图 7.4（b）所示，在 300s 后开启紫外光呈现出 $-20.540mA/cm^2$ 的负脉冲，然后稳定在 $-9.727mA/cm^2$ 的附近，直到紫外光在 3900s 后关闭。相比之下，不含 H_2O_2 的刻蚀样品显示出更低的初始负脉冲（$-10.934mA/cm^2$）和非常小的稳定电流密度（$-0.138mA/cm^2$），如图 7.4（c）所示。在紫外光照射后，两个样品的 OCP 均向负方向偏移，标准样品的 OCP 偏移（$-0.896V \pm 0.033V$）较不含 H_2O_2 的样品的 OCP 偏移（$-0.557V \pm 0.015V$）大，如图 7.4（d）所示。

负短路电流密度和负 OCP 偏移表明，SiC 晶片中的光生电子通过底部 Pt 电极流向外部电路，这与我们的刻蚀模型非常吻合。理论电流密度（j_{theor}）由文献[44]给出

$$j_{theor} = I \cdot \frac{e\eta_i\tau(\mu_e + \mu_h)}{hcT} \cdot \frac{U}{T}$$

式中，I 是紫外光功率密度，e 是电子能量，η_i 是内部量子效率（本节中为 0.13[45]），τ 是过量电子的平均复合时间（在本节中为 0.11μs[46]），μ_e 是电子迁移率，μ_h 是空穴迁移率，h 是普朗克常数，c 是光速，U 是 OCP 位移，T 是 SiC 样品的厚度。计算出的理论电流密度 j_{theor} 与实验测量的电流密度（j_{exp}）有很好的一致性，如图 7.4（e）所示。

基于上述分析，可以推导出光电流与刻蚀深度之间的定量关系。根据 SiC 氧化反应方程式 $2SiC + 7H_2O + 12h^+ \longrightarrow SiO_2 + 2CO_2 + SiO + 14H^+$[26]，两个 SiC 分子的氧化消耗了 12 个空穴（对应于 12 个光生电子）。假设一个简单的垂直刻蚀结构，氧化 SiC（n_{SiC}）的物质的量、去除 SiC 的体积（V_{SiC}）和理论刻蚀高度（H_{theor}）由下式给出

$$n_{SiC} = \frac{Q \cdot A_{illuminated} \cdot \left| \int_{t_0}^{t_1} j(t)dt \right|}{\frac{12}{2} N_A}$$

$$V_{SiC} = \frac{n_{SiC} \cdot M}{\rho}$$

$$H_{theor} = \frac{V_{SiC}}{A_{exposed}}$$

式中，Q 是将电流转换为电子数的常数，为 $6.241 \times 1018A^{-1}$，$A_{illuminated}$ 为照射区域的面积，t_0 和 t_1 分别为紫外光照射和移除的时间，$j(t)$ 是图 7.4（b）中的电流密度，它是时间 t 的函数，N_A 是阿伏伽德罗常数，M 是 SiC 的摩尔质量，ρ 是 SiC 的密度，$A_{exposed}$ 是 SiC 样品的暴露面积（实验中，使用了宽 3μm、间距 22μm 的条纹阵列掩膜，$A_{exposed}$ 可以近似计算为 $\frac{22}{25} \cdot A_{illuminated}$）。根据这些方程，计算出 40min 刻蚀条件下的理论刻蚀深度 H_{theor} 为 7.128μm，这与实验结果相当接近[图 7.3（c）中 $H_{fin} = 6.587μm \pm 0.195μm$][39]。

理论和实验结果之间的良好一致性验证了刻蚀模型的准确性，也证明了刻蚀工艺可以针对 SiC 进行参数化设计和优化。

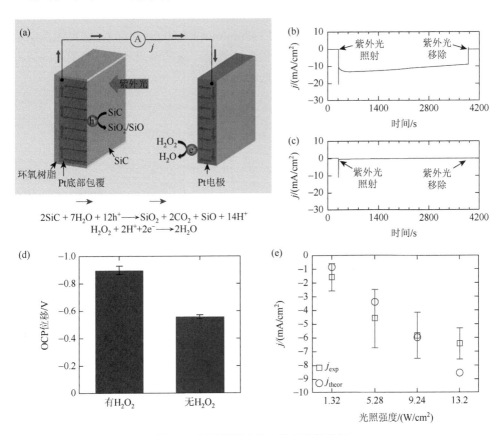

图 7.4　刻蚀过程中的电化学特性表征

（a）电化学特性的示意图；（b）和（c）在有 H_2O_2 和没有 H_2O_2 的情况下，电流密度（j）的时间演化；（d）当应用紫外光照明时，OCP 的偏移情况；（e）理论电流密度（j_{theor}）和实验结果（j_{exp}）的比较

7.6　各类微/纳米结构

为了验证刻蚀方法在加工不同形貌的微/纳米结构方面的能力，采用三种不同掩膜样式的 SiC 样品（①直径 277nm 的纳米孔阵列；②宽 22μm、间距 3μm 的条状阵列；③宽 3μm、间距 3μm 的条状阵列），实现纳米孔阵列[SEM 俯视图和相应放大图见图 7.5（a）和图 7.5（d）]、3μm 宽的沟槽阵列[横断面 SEM 图像和相应放大图见图 7.5（b）和图 7.5（e）]和密集的鳍/沟槽阵列[横断面 SEM 图像和相应放大图见图 7.5（c）和图 7.5（f）]的刻蚀。这些情况的垂直刻蚀速率总结在图 7.5（g）中。

3μm 宽鳍阵列、5μm 宽鳍阵列和密集的鳍/沟槽阵列的垂直刻蚀速率分别为 0.206μm/min ± 0.005μm/min、0.227μm/min ± 0.010μm/min 和 0.229μm/min ± 0.003μm/min。另外，纳米孔阵列和 3μm 宽的沟槽阵列的垂直刻蚀速率较慢（分别为 0.117μm/min±0.003μm/min 和 0.139μm/min±0.003μm/min），这可能是由于有限的光暴露面积减少了光生空穴的供应。然而，这些结果表明，我们的刻蚀方法可以应用于加工各种微结构与加快刻蚀速率。[39]

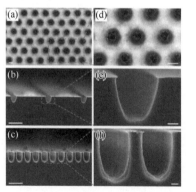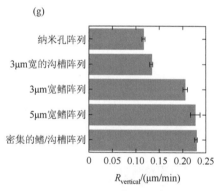

图 7.5　不同刻蚀结构的展示

（a）纳米孔阵列的 SEM 俯视图（比例尺为 200nm）；（b）3μm 宽的沟槽阵列（比例尺为 10μm）和（c）密集的鳍/沟槽阵列（比例尺为 10μm）的横断面 SEM 图像；（d）、（e）、（f）为相应放大视图，（d）中的比例尺表示 200nm，（e）和（f）中的比例尺均为 1μm；（g）不同微/纳米结构的垂直刻蚀速率

7.7　小　　结

综上所述，我们开发了一种高通量、无外部电偏压的湿法刻蚀方法，利用载流子的各向异性运输来加工高深宽比的 SiC 微/纳米结构。具体来说，通过在 SiC

晶圆的底部表面应用金属涂层，同时从其顶部表面引入有图案的紫外光照射，实现了晶圆的空间电荷分离。光生电子被输送到底部，参与刻蚀剂中 H_2O_2 的还原反应，空穴流向顶部，诱导 SiC 的氧化及后续的刻蚀；因此，在很大程度上抑制了复合重组引起的电荷损耗。我们建立了定量描述刻蚀过程的理论模型，该模型与实验结果吻合较好。结合底部金属涂层和正确选择掩膜，通过优化刻蚀条件如刻蚀时间、H_2O_2 浓度和紫外光功率密度，我们获得了显著垂直刻蚀速率为 0.737μm/min 和深宽比为 3.2 的微结构，创造了 SiC 湿法刻蚀方法的新纪录。最后，获得了各种微/纳米结构，表明了这种新的刻蚀方法在基于宽带隙半导体的微/纳米结构和器件的微型化加工中的巨大潜力。

参 考 文 献

[1] Wu R B，Zhou K，Yue C Y，et al. Recent progress in synthesis，properties and potential applications of SiC nanomaterials[J]. Progress in Materials Science，2015，721-760.

[2] Li X X，Lou C X，Li W J，et al. High-performance field emitters based on SiC nanowires with designed electron emission sites[J]. ACS Applied Materials & Interfaces，2021，13（2）：3062-3069.

[3] Cui Y K，Chen J，Di Y S，et al. High performance field emission of silicon carbide nanowires and their applications in flexible field emission displays[J]. AIP Advances，2017，7：125219.

[4] Pan Z W，Lai H L，Au F C K，et al. Oriented silicon carbide nanowires：Synthesis and field emission properties[J]. Advaned Material，2000，12（16）：1186-1890.

[5] Wang W H，Ma Y R，Qi L M. High-performance photodetectors based on organometal halide perovskite nanonets[J]. Advanced Functional Materials，2017，27（12）：1603653.

[6] Monroy E，Omnès F，Calle F. Wide-bandgap semiconductor ultraviolet photodetectors[J]. Semiconductor Science and Technology，2003，18：R33-R51.

[7] Chen X P，Zhu H L，Cai J，et al. High-performance 4H-SiC-based ultraviolet p-i-n photodetector[J]. Journal of Applied Physics，2007，102：024505.

[8] Xu S，Jiang F L，Gao F M，et al. Single-crystal integrated photoanodes based on 4H-SiC nanohole arrays for boosting photoelectrochemical water splitting activity[J]. ACS Applied Materials & Interfaces，2020，12（18）：20469-20478.

[9] Yang W，Prabhakar R R，Tan J，et al. Strategies for enhancing the photocurrent，photovoltage，and stability of photoelectrodes for photoelectrochemical water splitting[J]. Chemical Society Reviews，2019，48（19）：4979-5015.

[10] Jian J X，Shi Y C，Ekeroth S，et al. A nanostructured NiO/cubic SiC p-n heterojunction photoanode for enhanced solar water splitting[J]. Journal of Materials Chemistry A，2019，7：4721-4728.

[11] Jian J X，Shi Y C，Syväjärvi M，et al. Cubic SiC photoanode coupling with Ni：FeOOH oxygen-evolution cocatalyst for sustainable photoelectrochemical water oxidation[J]. Solar RRL，2019，4（1）：1900364.

[12] Digdaya I A，Han L H，Buijs T W F，et al. Extracting large photovoltages from a-SiC photocathodes with an amorphous TiO₂ front surface field layer for solar hydrogen evolution[J]. Energy & Environmental Science，2015，8（5）：1585-1593.

[13] Elasser A，Chow T P. Silicon carbide benefits and advantages for power electronics circuits and systems[J]. Proceedings of the IEEE，2002，90（6）：969-986.

[14]　Udrea F, Naydenov K, Kang H, et al. The FinFET effect in silicon carbide MOSFETs[C]//2021 33rd International Symposium on Power Semiconductor Devices and ICs, Nagoya, 2021.

[15]　Jiang H P, Wei J, Dai X P, et al. SiC trench MOSFET with shielded fin-shaped gate to reduce oxide field and switching loss[J]. IEEE Electron Device Letters, 2016, 37 (10): 1324-1327.

[16]　Han L B, Liang L, Kang Y, et al. A review of SiC IGBT: models, fabrications, characteristics, and applications[J]. IEEE Transactions on Power Electronics, 2021, 36 (2): 2080-2093.

[17]　Usman M, Nawaz M. Device design assessment of 4H-SiC n-IGBT: A simulation study[J]. Solid-State Electronics, 2014, 92: 5-11.

[18]　Brenna M, Foiadelli F, Zaninelli D, et al. Application prospective of silicon carbide (SiC) in railway vehicles[C]// 2014 AEIT Annual Conference: From Research to Industry: The Need for a More Effective Technology Transfer, Trieste, 2014.

[19]　Tian L, Liu Q, Dinavahi V R. Real-time hardware-in-the-loop emulation of high-speed rail power system with SiC-based energy conversion[J]. IEEE Access, 2020, 8: 122348-122359.

[20]　Zhang H, Tolbert L M, Ozpineci B. Impact of SiC devices on hybrid electric and plug-in hybrid electric vehicles[J]. IEEE Transactions on Industry Applications, 2011, 47 (2): 912-921.

[21]　Narushima T, Kato M, Murase S, et al. Oxidation of silicon and silicon carbide in ozone-containing atmospheres at 973 K[J]. Journal of the American Ceramic Society, 2002, 85 (8): 2049-2055.

[22]　Gräf D, Grundner M, Schulz R. Reaction of water with hydrofluoric acid treated silicon(111)and(100)surfaces[J]. Journal of Vacuum Science & Technology A, 1989, 7 (3): 808-813.

[23]　Yuan F L, Guo Y F, Liang Y C, et al. Micro-fabrication of crystalline silicon by controlled alkali etching[J]. Journal of Materials Processing Technology, 2004, 149: 567-572.

[24]　Chang W H, Schellin B, Obermeier E, et al. Electrochemical etching of n-type 6H-SiC without UV illumination[J]. Journal of Microelectromechanical Systems, 2006, 15 (3): 548-552.

[25]　Chen Y, Zhang C, Li L Y, et al. Hybrid anodic and metal-assisted chemical etching method enabling fabrication of silicon carbide nanowires[J]. Small, 2019, 15 (7): 1803898.

[26]　Shor J S, Kurtz A D. Photoelectrochemical etching of 6H-SiC[J]. Journal of the Electrochemical Society, 1994, 141 (3): 778-781.

[27]　Liu Y, Lin W, Lin Z Y, et al. A combined etching process toward robust superhydrophobic SiC surfaces[J]. Nanotechnology, 2012, 23: 255703.

[28]　Michaels J A, Janavicius L, Wu X H, et al. Producing silicon carbide micro and nanostructures by plasma-free metal-assisted chemical etching[J]. Advanced Functional Materials, 2021, 31 (32): 2103298.

[29]　Rittenhouse T L, Bohn P W, Adesida I. Structural and spectroscopic characterization of porous silicon carbide formed by Pt-assisted electroless chemical etching[J]. Solid State Communications, 2003, 126 (5): 245-250.

[30]　Leitgeb M, Zellner C, Schneider M, et al. Metal assisted photochemical etching of 4H-silicon carbide[J]. Journal of Physics D: Applied Physics, 2017, 50 (43): 435301.

[31]　Sun M, Zhang Y H, Gao X, et al. High-performance GaN vertical fin power transistors on bulk GaN substrates[J]. IEEE Electron Device Letters, 2017, 38 (4): 509-512.

[32]　Xie Q Y, Wang N, Sun C L, et al. Effectiveness of oxide trench array as a passive temperature compensation structure in AlN-on-silicon micromechanical resonators[J]. Applied Physics Letters, 2017, 110 (8): 83501.

[33]　Li W S, Nomoto K, Pilla M, et al. Design and realization of GaN trench junction-barrier-Schottky-diodes[J]. IEEE Transactions on Electron Devices, 64 (4): 1635-1641.

[34] Zhang Y H，Sun M，Liu Z H，et al. Trench formation and corner rounding in vertical GaN power devices[J]. Applied Physics Letters，2017，110（19）：193506.

[35] Chen Y，Li L Y，Zhang C，et al. Controlling kink geometry in nanowires fabricated by alternating metal-assisted chemical etching[J]. Nano Letters，2017，17（2）：1014-1019.

[36] Chen Y，Zhang C，Li L Y，et al. Fabricating and controlling silicon zigzag nanowires by diffusion-controlled metal-assisted chemical etching method[J]. Nano Letters，2017，17（2）：4304-4310.

[37] Chen Y，Shi D C，Chen Y H，et al. A facile，low-cost plasma etching method for achieving size controlled non-close-packed monolayer arrays of polystyrene nano-spheres[J]. Nanomaterials，2019，9（4）：605.

[38] Chen Y，Chen Y H，Long J Y，et al. Achieving a sub-10 nm nanopore array in silicon by metal-assisted chemical etching and machine learning[J]. International Journal of Extreme Manufacturing，2021，3（3）：035104.

[39] Shi D C，Chen Y，Li Z J，et al. Anisotropic charge transport enabling high-throughput and high-aspect-ratio wet etching of silicon carbide[J]. Small Methods，2022，33：035104.

[40] Huang Z P，Geyer N，Werner P，et al. Metal-assisted chemical etching of silicon: A review[J]. Advanced Materials，2011，23（2）：285-308.

[41] Li X，Heryadi D，Gewirth A A. Electroreduction activity of hydrogen peroxide on Pt and Au electrodes[J]. Langmuir，2005，21（20）：9251-9259.

[42] Katsounaros I，Schneider W B，Meier J C，et al. Hydrogen peroxide electrochemistry on platinum: Towards understanding the oxygen reduction reaction mechanism[J]. Physical Chemistry Chemical Physics，2012，14：7384-7391.

[43] Shin M W，Song J G. Study on the photoelectrochemical etching process of semiconducting 6H-SiC wafer[J]. Materials Science & Engineering B，2002，95：191-194.

[44] Kasap S O. Optoelectronics and photonics: Principles and practices[M]. Upper Saddle River: Pearson Education，Inc.，2013.

[45] Panferov A，Kurinec S K. Modeling quantum efficiency of ultraviolet 6H-SiC photodiodes[J]. IEEE Transactions on Electron Devices，2011，58（11）：3976-3983.

[46] Kordina O，Bergman J P，Hallin C，et al. The minority carrier lifetime of n-type 4H-and 6H-SiC epitaxial layers[J]. Applied Physics Letters，1996，69（5）：679-681.

彩　　图

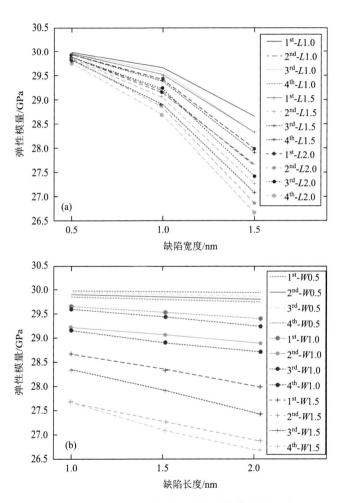

图 3.15　缺陷尺寸对折点纳米线弹性模量的影响

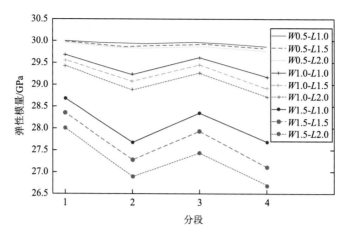

图 3.16　缺陷位置对折点纳米线弹性模量的影响

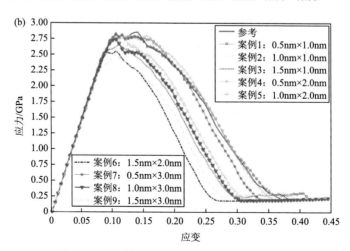

图 3.17　内部缺陷对折点纳米线力学性能的影响

（a）带有内部缺陷的折点纳米线拉伸后的最终轮廓；（b）带有内部缺陷的折点纳米线在拉伸过程中的
应力-应变关系

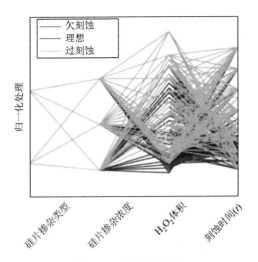

图 5.16　平行坐标图

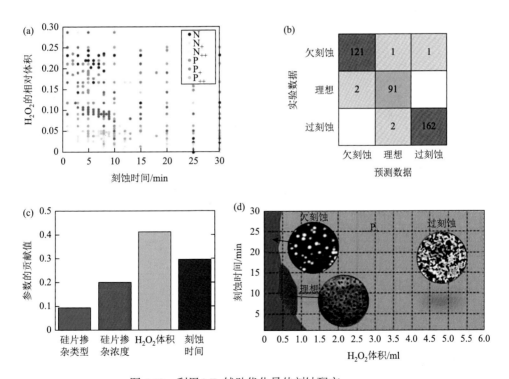

图 5.18　利用 ML 辅助优化最佳刻蚀配方

（a）原始数据；（b）训练模型的混淆矩阵；（c）亚 10nm 硅纳米孔阵列刻蚀加工参数的贡献值；（d）ML 模型预测的 P₊硅片上亚 10nm 硅纳米孔阵列刻蚀的典型相图

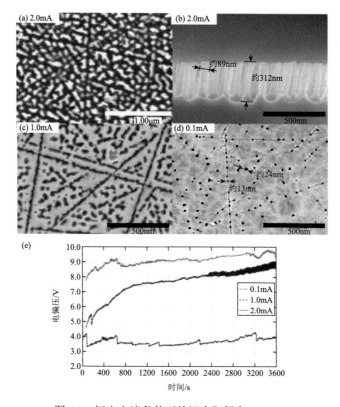

图 6.3　恒定电流条件下的混合阳极和 MacEtch

（a）2.0mA 恒定电流 60min 下 SiC 纳米线表面图；（b）含有纳米线的 SiC 试样截面图；（c）在 1.0mA 恒定电流作用下，60min 内形成重叠孔；（d）在 0.1mA 恒定电流条件下，60min 内形成独立孔；（e）恒定电流刻蚀过程中的电偏压